不 一 样 的 旅 行

东京
今昔建筑地图

[日]米山勇　[日]伊藤隆之◎著　郝莉菱◎译

清华大学出版社
北京

北京市版权局著作权合同登记号　　图字：01-2015-5510

JIDAI NO CHIZU DE MEGURU TOKYO KENCHIKU MAP
© ISAMU YONEYAMA & TAKAYUKI ITO 2013
Originally published in Japan in 2013 by X-Knowledge Co., Ltd.
Chinese (in simplified character only) translation rights arranged with X-Knowledge Co., Ltd.

图书在版编目（CIP）数据

东京今昔建筑地图 /（日）米山勇，（日）伊藤隆之著；郝莉菱译. — 北京：
清华大学出版社，2019
（不一样的旅行）
ISBN 978-7-302-47234-6

Ⅰ.①东… Ⅱ.①米… ②伊… ③郝… Ⅲ.①建筑史 – 东京 Ⅳ.①TU-093.13

中国版本图书馆CIP数据核字（2017）第122608号

责任编辑：孙元元
装帧设计：谢晓翠
责任校对：王荣静
责任印制：杨　艳

出版发行：清华大学出版社
　　　　　网　　址：http://www.tup.com.cn，　　http://www.wqbook.com
　　　　　地　　址：北京清华大学学研大厦A座　　　邮　　编：100084
　　　　　社总机：010-62770175　　　　　　　邮　　购：010-62786544
　　　　　投稿与读者服务：010-62776969, c-service@tup.tsinghua.edu.cn
　　　　　质量反馈：010-62772015, zhiliang@tup.tsinghua.edu.cn
印装者：小森印刷（北京）有限公司
经　　销：全国新华书店
开　　本：142mm×210mm　　　印　张：9.75　　　字　数：305千字
版　　次：2019年1月第1版　　　印　次：2019年1月第1次印刷
定　　价：99.00元

产品编号：066209-01

摄影·志岐祐一

｜米山勇｜

建筑史学家。1965年出生于东京都。早稻田大学大学院理工科研究科博士后期课程修完后，曾任日本学术振兴会特别研究员、早稻田大学大学院客座讲师、日本女子大学客座讲师，现任东京都江湖东京博物馆研究员。工学博士。研究方向是日本近现代建筑史和江户东京的建筑·都市史。日本钱汤（公共澡堂）文化协会理事。

主要著作（含合著）有：《痛快！建筑杂学王》（彰国社）、《日本近代建筑大全"东日本篇·西日本篇"）》（讲谈社）、《建筑体操》（X-Knowledge）、《米山勇的名住宅鉴赏术》（TOTO出版）、《考考你 近代建筑100问》（彰国社）等。

｜伊藤隆之｜

1964年生于埼玉县。早稻田大学艺术学校空间映像科毕业。热爱日本近代建筑，1989年开始遍访日本各地，对建筑进行拍摄记录。

著作有《日本近代建筑大全"东日本篇·西日本篇"》（合著，讲谈社）、《盛美园的世界》（盛美园）、个人作品展有《盛美园——和洋折衷的形式》（2007年，富士Photo Gallery新宿）、《记忆之间》（2008，COREDO日本桥早稻田大学日本桥校区）。

序　言

看地图游建筑：
穿越三个时代的"不死鸟都市——东京"

东京是一座在整个世界史中都罕见的"不死鸟都市"。

在明治初期，日本力图让陌生的西洋建筑融入本国文化，这样一个空前绝后的想法让执政者和上流阶级的人们都趋之若鹜。但与此同时，这也意味着对近世以前的传统建筑文化的否定。江户以来，以宫廷木工为首的木工师傅们失去了往日的荣耀，意志消沉——即便如此也不足为奇。

然而，他们却不甘示弱，巧妙地运用传统的木工技艺把东西洋风格天衣无缝地结合起来，"和洋折中[1]建筑"便应运而生。

明治十二年（1879），辰野金吾、片山东熊、曾祢达藏等最初的一批日本建筑学家受教于英国建筑学家约西亚·肯德尔（Josiah Conder），开始崭露头角。他们的使命只有一个——为日本创造出更多的西式建筑。为此，他们一心一意致力于厚重华丽的砖石结构建筑，尽管这样的建筑需要大量的砖石搭建。

但是，这一切的努力都随着大正十二年（1923）9月1日上午11点58分发生的关东大地震化为泡影。

---

1. 混合了日式建筑风格和西式建筑风格双方的要素。

这场席卷全东京的7.7级大地震，把江户以来的传统街道烧为一片灰烬，同时也使明治以后兴建的砖石结构的西式建筑毁于一旦。但是，以后藤新平为首的建筑家们却化危机为机遇——一个从零开始建造近代都市东京的机遇。经过规划调整的土地上，灾后重建的建筑如雨后春笋般拔地而起。于是，一个远比震前多姿多彩的"现代化都市东京"就此诞生。

　　历史是残酷的，灾后重建起来的东京，仅仅过了20年，又因为东京大空袭而满目疮痍。然而，东京作为日本首都，又再次展现了它不死鸟般的生命力，实现了奇迹般的复兴。

　　从江户到明治，再到大正、昭和，东京经历了戏剧性的改变、失去和复苏，留下了让人无法想象的众多历史建筑。跟随三个不同时代的地图漫步于这些建筑物中，回溯这座不死鸟都市传奇般的过往——这将是一场奇妙的时空之旅。

——米山勇

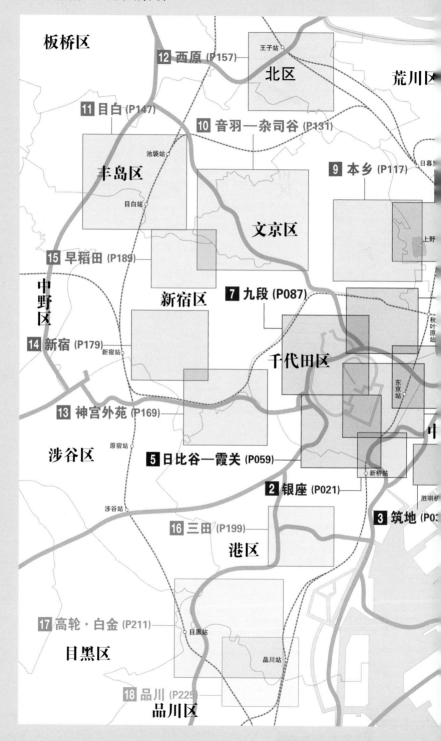

埼玉县

千叶县

河口站

松户站

王子站

池袋站

上野站

市川站

新宿站

东京站

浦安站

涉谷站

东京都

品川站

墨田区

台东区

吾妻桥

驹形桥

厩桥

藏前桥

两国站

清州桥

永代桥

神奈川县

新横滨站

川崎站

新东京国际机场

横滨站

石川町站

横滨站

樱木町站

神奈川县

石川町站

使用指南2　名建筑赏析要点

【大楼篇】

要点①

有意识地寻找建筑物的最佳观赏地点！

　　日本楼房是在大正后期以后才走向大型化的。从美国传入的建筑技术使大规模的建筑物接连拔地而起，这幅光景在当时的日本人眼里简直不可思议。街景发生翻天覆地的变化，高楼大厦越来越密集，于是我们已经不能像昔日般从任何角度都能够欣赏了。要细细品味这些古老的大楼，就必须花功夫寻找一个最佳的观赏地点。

底部呈现石砌风格，中层设置巨型廊柱，再借由挑檐的水平面规划出上层，以此三层构成的"明治生命馆"（p.052）的最佳观赏地点是护城河的对岸。

建筑样式的差异体现在正面外观的垂直线上！

建筑物正面的外观，也就是主立面（facade），你只要注视它的垂直线，就能一眼看出其建筑物的样式。例如，古典主义建筑的"柱式"构成原理形成于古希腊时代，基于"柱式"建造的柱子，特别是观察其柱头就可以分辨出以下样式。

● 多利克柱式（托斯卡纳柱式）：像盘子一样朴素的造型
● 爱奥尼亚柱式：旋涡状
● 科林斯柱式：最为华丽的毛莨叶装饰

此外，否定古希腊、古罗马时代的罗马式和哥特式形成于中世纪，其建筑物并不采用柱式而是用墙面来构成的，因此柱体并不外露。看上去像柱子一样的垂直线条是被称作扶壁的部分。

柱廊采用爱奥尼亚柱式的"东京文化财研究所黑田纪念馆本馆[2]"，圆柱柱头呈旋涡状（p.114）。

---

2. 日语中的"本"，一般是"主要的""首要的""总的"的意思。例如"本馆"就相当于"主楼"。

内外的连续性体现时代性！

　　到明治、大正时期为止，建筑物的外观给人的期待和印象，即便是进到内部也几乎不会有落差。换句话说，这就是建筑物的内外设计非常"连续"。然而，到了昭和初期，由于建筑上理性主义的兴起，内部和外部形象给人"非连续"感觉的建筑物越来越多。装饰遍布整栋建筑的情况越来越少，而是把装饰都集中到偌大内部空间的某些场所，其他部分则朴素得惊人。这绝不是偷工减料，而或许可以说是一种追求合理建筑空间的成熟表现。另外，排斥一切装饰的现代主义也是在这个时代兴起的。现代主义极度重视内外的连续性，而内部和外部的非连续性可以理解成是追求装饰的最后挣扎吧。

"国会议事堂"（p.065）可以说是装饰集中在内部特定空间的典型。

【宅邸篇】

关注日式与西式的分布！

　　明治时期的宅邸，日式和西式样式分明，两种风格是分开搭建的。也就是说，明治时期修建的洋馆（西式豪宅）就是纯粹的西洋建筑，日本人会觉得在那里过日子反倒很奇怪。到了大正中期之后，人们开始重视生活的质量，太过强调体面的东西洋风格的对立这一想法被重新审视。居住者的思想也有所转变，开始出现像鸠山一郎这样实际在洋馆里居住的人。但是人们又无法舍弃已经住惯的和室情怀，因此就出现了像鸠山会馆一样、在洋馆内部嵌入日式空间的建筑。就连那位英国建筑学家肯德尔晚年设计的旧古河家宅邸，二楼也均为和室。

"旧古河邸"（p.162）外观与一般洋房并无二致，二楼均为和室，想必这层楼是古河家族的生活区域。

判断是否要脱鞋入室！

不仅限于大型宅邸，参观日本普通住宅的时候，"穿脱鞋"都是一个重点。换句话说，就是要不要脱鞋。如果要脱鞋，那么在哪里脱鞋？举例来说，位于横滨、山手的洋馆大多都是外国人[3]居住，很多住宅都没有设置台阶把门厅[4]和室内分开。与此相对，日本人居住的洋馆则不同，要在门厅把鞋脱了之后再进入室内，因此大多都有台阶。另外，习惯在室内不穿鞋的日本人不喜欢通风，因此房门下方还有类似门槛的部分，用于增加密封性。如果是外国人住的洋馆，门的下方则大多留有空间。这种差异也能在旅馆客房的房门等地方看到，大家参观的时候可以留意一下。

为英国贸易商设计的宅邸"贝里克公馆"（p.272）空间没有高低差。

---

3. 本书的外国人，都指欧美人、西洋人。
4. 室内室外的一个过渡空间，也就是进入室内换鞋、更衣或从室内去室外的缓冲空间。日语中叫作"玄関"，也有大门、正门的意思。

时间不够的话就直接去餐厅吧！

　　不管在哪个时代，只要是有一定级别的宅邸，餐厅都是招待宾客的宴会场地，也是一个对外展示的华丽舞台。因此，这里必定倾注了大量的心思且装饰精美，是最有观赏价值的地方。如果大家的参观时间没有那么充裕的话，就直接去看餐厅吧。

细节设计都尽善尽美的"东京都庭园美术馆（朝香宫邸）"（p.216）的大餐厅。

【寺院神社篇】

要点①

观赏各式各样的大门！

　　在日本建筑中，没有什么比大门的样式更丰富多彩了。例如，大名[5]宅邸的大门样式就会根据这位大名的等级而受到严格的限制。对注重体面的日本人而言，大门是最重要的建筑部分。而对寺院而言，大门则是分隔世俗和圣域的结界，是很重要的建筑部分，因此非常具有观赏价值。大门的种类繁多，有平房式、双层式，甚至有规模最大的三门，等等。请大家一定要仔细欣赏风格迥异的大门。

"增上寺"（p.209）威严庄重的三解脱门。规模最大的三门之一。

---

5. 日本古时封建制度对领主的称呼。

屋顶是精髓所在！

　　说屋顶是日本建筑的精髓也不为过。以前日本都是木造建筑，再考虑到日本多雨的自然环境，屋顶的必要性可想而知。而且，占据建筑物很大比例的屋顶，会直接影响到外观给人的印象。说起来，寺院神社的屋顶随着时代的变迁，建得越来越夸张，越来越高。同奈良这些时代的寺院相比，更接近现代的江户寺院更是达到夸张的极致。虽说比例上有些不协调，但如此夸张威严的屋顶可是只有将军家地盘的寺庙才会有，就请好好欣赏一番吧。

"护国寺"（p.142）高耸的屋顶魄力十足。

要点③

东京的寺院神社要关注细节之妙！

古代日本建筑重视"远景"，而经由中世再到近世，细节设计的重要性越来越明显。日光东照宫等建筑就是其中之最。东照宫雕刻之精美，如果仅在远处观望是无法领略的。东京现存的大部分寺院神社都是近世的作品，我们可以靠近一些，去细细品味江户时代寺院神社华丽的细节装饰。你会发现这些装饰随着时代的变迁，原本抽象的题材变得越来越具体。比如说，古代呈拳头状的"木鼻"（斗拱或月梁向柱子外侧凸出的部分），逐渐呈现出狮子、大象、貘等动物鼻子的形状。这可以说是一种建造工艺的纯熟，也可以说是江户寺庙独有的精妙之处。

作为重要文化遗产的"旧宽永寺五重塔"（p.109）屋檐下的龙头雕刻等细节装饰也是一大看点。

使用指南3 有趣的江户局部图和赤图

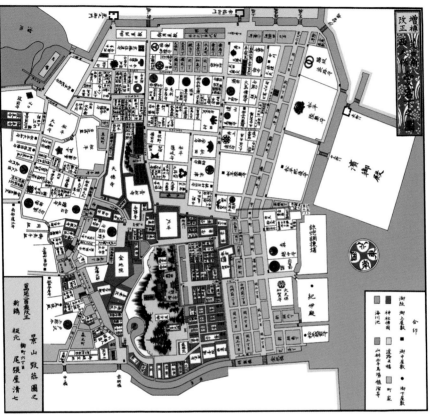

人文社 复刻版

尾张屋版江户局部图（复制）。芝口南、西久保、爱宕下之图，万延二年·文久元年（1861）。现增上寺、滨松町周边。

要绘制正确的地图，不可或缺的就是测量技术，而这一技术早在战国时代就已经传入日本。明历三年（1657），江户被明历大火[6]烧毁了大半，在那之后

---

6. 明历大火发生于日本明历三年正月十八到正月二十，是日本史上仅次于东京大空袭、关东大地震的最惨重的灾变。

15

幕府下令进行了测量。根据这次测量结果绘制的地图是相当准确的。本书所刊载的尾张屋版江户局部图（复制）为了追求使用上的方便，可以看出变形相当明显。

江户当时原本就是世界上屈指可数的大城市，因此地图的需求量自然不少。这座城市的特征之一就是发行的地图多种多样，被视为江户特产，但是江户局部图受欢迎的原因却并不在此。江户的武士家族所在地并没有街道名称，而且宅邸门口也没有挂门牌。因此，要想送个礼或有事登门拜访的话，不带上像局部图这样的便携地图还真是很麻烦。

最为大家所熟知的江户局部图除了尾张屋版的，还有近江屋版的。近江屋比尾张屋还早，在接近幕末的嘉永元年（1848）就开始出版地图。近江屋的经营形态并不是出版社而是"荒物屋"，相当于现在的杂货商店，而店铺就开在幕府臣子宅邸集中的街区入口附近。于是就经常有上门送礼或办事的人上前去询问要去的宅子怎么走。近江屋版的原型其实是吉文字屋版。吉文字屋版从90多年前，也就是宝历五年（1755）开始的20年间，出版了8张地图，但是地图只覆盖了整个江户1/4的区域，因此受到恶评，现已绝版。

近江屋版和尾张屋版的江户局部图划时代的创新之处便在于，地图是根据区域分割开的。而以前的江户地图是把整个江户绘制成一两张图，只能把它折叠起来像经书一样翻来翻去，实在是不方便。但是局部图就不一样了，可以只把需要的部分折叠起来带走，其便利性吸引了众多人气。

本书刊载的是紧随其后出版的尾张屋版局部图的复制版。近江屋版的地图准确度高，但是颜色单调朴素。与此相对，尾张屋版颜色丰富，品质要高得多。而且与近江屋不同，尾张屋是出版社，所绘制的局部地图更符合读者的需求，流通渠道也更广。地图有所变形也是旨在提升易读性和使用性，而不是准确度。尾张屋之后收购了近江屋，出版事业一直延续到了明治十年（1877）。

那么，我就来介绍一下阅读尾张屋版局部图的方法。首先，地图涂有5种不同的颜色，白底的是武士宅邸，红底的是神社寺院，黄底的是道路和桥梁，灰底的是商家，蓝底的是河流、沟渠、池塘、大海，绿底的则是山林、堤坝、农田。武士宅邸部分，正对所有者姓名的那边就是正门。另外，武士宅邸也有

范例与实际标记参考。白色的是武士家族宅邸，正对姓名的那一边就是正门。灰色区域为平民工商业区，标注了像"三川町一丁目"这样的街道名，与此相对，武士宅邸区没有街道名称。

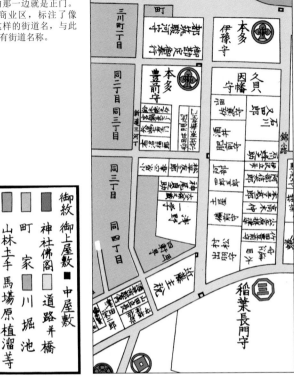

御纹　御上屋敷■　中屋敷
神社佛阁　道路并桥
町　家　川堀池
山林土手　马场原植溜等

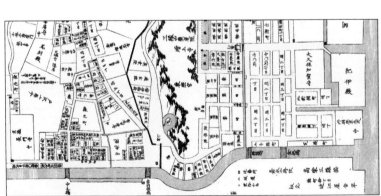

近江屋版江户局部图（复刻版）。色彩虽然单调，但没有尾张屋版变形厉害，地图相对准确。

区分，绘有家纹的是"上屋敷"[7]，黑色方块的是"中屋敷"[8]，黑色圆圈的是"下屋敷"[9]。道路上随处可见的黑色方块是"番屋"，相当于现在的派出所或居委会办事处这样的设施。

局部图上虽然明确标记了东南西北的方向，但是当时的方位是用罗盘计测。罗盘所指示的北方是磁北，跟现在地图的方向相比是有误差的。另外，道路宽度想必也比现在要窄很多。

如果你看到现在的地图上有道路形状不自然，那么就请一定跟江户局部图对比看看。你也许会惊讶地发现——原来那条路曾经是条运河啊。就像这样，古今地图的对比会带给你不少的惊喜。

（近松鸿二）

地形图是重要的军事情报，所以地图与国家机密也密切相关。从明治开始，地图绘制就变成陆军参谋本部陆地测量部的工作了。这个陆地测量部就是现在的国土地理院的前身，这也是赤图被称作"参谋本部的地图"的缘故。本书所刊载的地图，大部分都是"二战"前的1∶10000地形图，与木版印刷的江户局部图不同，采用了铜版印刷。这幅地形图红色标示的建筑物部分非常抢眼，因此众多爱好者称其为"赤地图"或"赤图"。

这个1∶10000地形图是通过明治时期引进的三角测量和水准测量技术绘制而成的。而且，由于昭和初期引进了空中摄影（航拍），其精确度比起江户时期的地图有了质的飞跃。

日本人从未计划过要绘制全国规模的1∶10000地形图，当初也没想过要绘制城市地图，只是出于军事目的测绘了地形图。先在明治十九年（1886）绘制了防预海峡地区，后又在要塞地带进行了测绘。大正时期对演习场进行测绘后，直到昭和才开始测绘都市，主要城市被绘制到地图上都是昭和二十年（1945）之后的事情了。但是随着昭和三十五年（1960）1∶25000和

---

7. 大名及家庭成员居住的宅邸，也是施行政务的行政机构。
8. 通常是已归隐的城主或继承人居住的宅邸。
9. 作为仓库或别馆使用，也用于发生火灾等情况时的避难所。

东京近郊19号1:10000地形图（日本桥）
昭和五年测绘（航拍测量）昭和十二年测绘修正（航拍测量并用）国土地理院

1:5000的国土基本图绘制计划的启动，1:10000地形图的实际测量就被画上了终止符。

　　1:10000地图最有意思的是，建筑物的线条连建筑物的高度都表现得如此立体，匠人之心可见一斑。如果你仔细观察大型建筑的轮廓线，就会发现右下侧的线条较粗，建筑物顿时跃然纸上。反之，像泳池这样地势较低的地方就会描粗左下方的轮廓线，有凹陷之感。这是利用视觉的错觉，人们在生活中，如果看到左上方的光源造成的阴影就会觉得物体是立体的。比起红色标注的赤图，同一时代绘制的黑白地图这种效果更为显著，请大家一定要对比看看，很有意思。实际上，这种立体表现手法也用于树木或烟囱等记号。记号的右下方用横线描绘出阴影，就能表现出它的高度了。

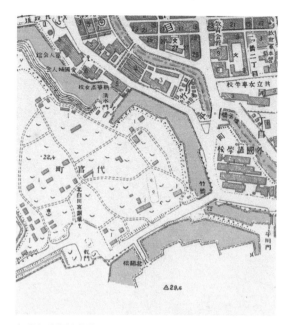

当时近卫师团驻扎地——旧北之丸（现北之丸公园），出于保密在当时的地图上被绘制成公园。护城河畔的堤坝画有等高线，可以看出地形的高低起伏。

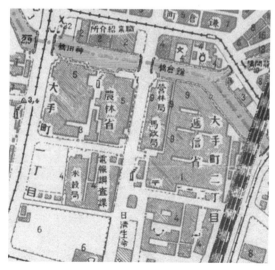

你知道能够凭借建筑物轮廓线的粗细来表现建筑物的高低吗？

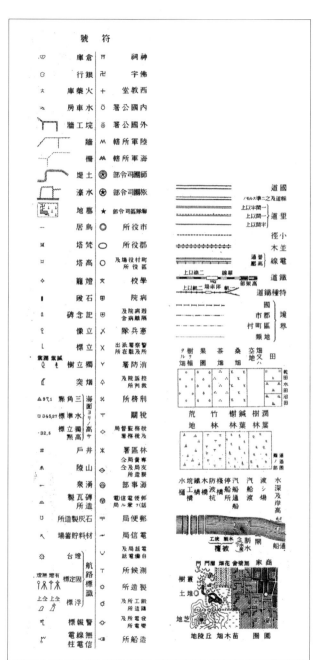

赤图图例和注记

从明治起，地图上的宫城（皇居）与宫邸都是用空白来表现的。后来由于战局紧张，大约从昭和十年（1935）开始，出于军机保护的目的进行了有趣的伪装。也就是说，容易成为攻击目标的重要设施在地图上被伪装成其他场所。类似这样有伪装的地形图的定价都标有括号，可以区分开来。与现在的地图一比，你会发现很多有趣的地方。像赤坂离宫（迎宾馆）、江户城北之丸的近卫师团驻扎地、淀桥净水厂等地在地图上都被绘制成公园，与真实情况大相径庭。

另外，大家如果仔细看的话，就会发现1∶10000地形图绘有等高线，可以看出地形的高低情况，从而感受到东京的高低起伏。例如，神田川的侵蚀形成的乙女山至椿山庄的峭壁、石神井川的山谷，还有目黑川的西香山附近的山崖，等等。你可以尽情感受自然造就的地形之美。像这样的地方还有几处有名的坡道，可惜地图表现手法有限，位于中山道的本乡的"送别坡"和"回首坡"就不能通过等高线的起伏看出来，只能把它们想象成菊坂的延长线。另外，从水道桥到御茶水的神田川（御茶水的小赤壁）这条人工河渠的等高线也展现出了山崖风貌。

（刘田观）

参考资料：《测量·地图百年史》（国土地理院·1970），《地图即国家》（NHK历史纪实节目·1987）

目 录

AREA21 横滨（山手）　267

【关于建筑物数据】
建筑名原则上采用现在的名称。与竣工时相比有大幅改动的情况，会在（ ）内标注原来的名称。

【资料来源】
尾张屋版江户局部图（复制）/©日本地图中心
"二战"前的地图（赤图）/国土地理院（图名每张地图均有标注）
旧照片/国立国会图书馆数码资料

【关于江户局部图·赤图上的建筑物位置】
本书中所介绍的建筑物在江户局部图·赤图上的位置，是与现代地图进行对比，并参考《别册历史读本52号 江户局部图》（新人物往来社刊）等资料的结果，并非编辑部的主观臆测。地点无法确定的建筑及江户局部图刊载部分没有的建筑，并未标注位置。

【职员】
现代地图绘制/荒木久美子

日本桥
NIHONBASHI
自江户以来的商业金融中心

　　日本桥不仅是东海道起点的交通要道，更是道路旁大型商店鳞次栉比的商业街区，自江户时代起一直繁华至今。明治六年（1873）日本第一家银行开业，使这一区域越发有了金融街的浓厚气息，作为日本经济的中心地区更加绚烂。让我们漫步于大街小巷，思绪驰骋于它昔日的荣光吧。

明治四十四年（1911）刚架设完成的日本桥。崭新的石桥展现着优雅之美。当然，当时桥上方还没有现在的首都高速。

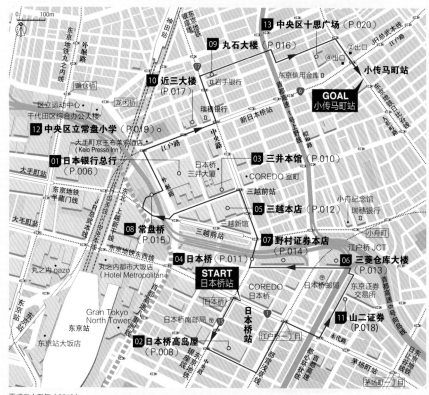

平成二十五年（2013）

---

1. Tokyo Metro，"東京地下鉄株式会社"。

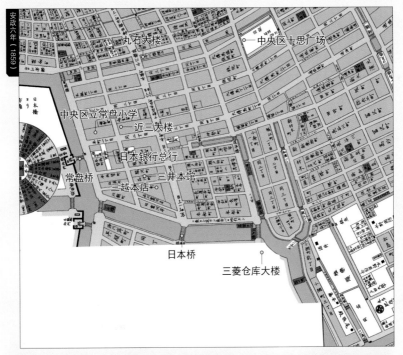

安政六年（1859）

丸石大楼

中央区十思广场

中央区立常盘小学

近三大楼

日本银行总行

三井本馆

三越本店

常盘桥

日本桥

三菱仓库大楼

昭和十二年（1937）国土地理院发行的东京近郊十九号日本桥1：10000地形图

丸石大楼

中央区十思广场

近三大楼

中央区立常盘小学

日本银行总行

三井本馆

常盘桥

三越本店

三菱仓库大楼

日本桥

山二证券

日本桥高岛屋

AREA 1 日本桥

003

追溯日本桥的历史
HISTORY OF NIHONBASHI

运河上船来船往的"水之都"是物流的一大据点

　　日本桥一带是以东海道为首的五街道[2]的起点，在德川家康的规划下呈现出井然有序的棋盘状，大部分区域都是工商业者居住。这一带沟渠运河纵横交错，菱垣回船[3]和樽回船[4]从"上方"[5]运来大米、味增、酱油、盐、酒等日用品及服装、五金商品、首饰化妆品等"下方物"[6]。位于日本桥左岸的鱼市场（2018年10月6日关闭）直到关东大地震之前都是商船频繁往来交易的场所。道路两旁大型商店鳞次栉比，运河沿岸仓库和批发商随处可见，日本桥可说是支撑着江户消费的一大物资集散地，用充满活力的"水之都"这个词来形容它还真是恰如其分。

　　自江户时代起，日本桥这里就有不少铸造金币的"金座"[7]和货币兑换商。而进入明治，在涉泽荣一的倡导下，日本第一家银行"第一国立银行"和"东京股票交易所"也设在了这里。兜町周边形成金融街区，这一带作为日本经济中枢得以迅速发展。

　　进入昭和后，物流方式也开始从水运转向陆运，日本桥一带的运河就用于处理"二战"后的断瓦残垣，逐渐被填埋。随着经济高速发展，日本桥上方被高速路遮盖，这也是历史发展的必然。

明治末期三越和服店的样子。玻璃柜中摆放着各式和服。

2. 以江户为起点的五条陆上交通要道，分别为东海道、中山道、奥州街道、日光街道、甲州街道。日语中的"街道"指的是连接城镇间的重要道路、大路、大道。

3. 往来运送旅客和货物的商船。船身两舷栏板下部用薄板交叉结成菱形孔的矮墙，由此得名。

4. 有较厚装甲的货船。

5. 指都城所在地，亦指京都、大阪等近畿地区。

6. 从"上方"运送到江户的货物。

7. 江户幕府铸造、发行金币的机构。

涉泽荣一与"东方威尼斯"

日本桥载着各种货物的船只
络绎不绝，充满活力。

现存的"二战"前建筑让人回想起河面上络绎不绝的船只

明治六年（1873），根据国立银行条例，日本第一家银行——第一国立银行设立在日本桥兜町。这座由木匠大师清水喜助设计的和洋折中建筑迅速成为有名的景点，出现在众多锦绘[8]上，大多数锦绘描绘的都是建筑物与枫川及其上的海运桥融为一体的景象。这种构图并非偶然。当时就任第一国立银行第一代总裁的是涉泽荣一，他原本就想把兜町一带建成可以匹敌威尼斯的"水之都"。

明治二十一年（1888），涉泽委托建筑家辰野金吾设计，在兜町建造了自己的宅邸。宅邸位于日本桥川和枫川交会处的地段，位置绝佳。这里离第一国立银行也相当近，涉泽在这里守护着自己亲手开发起来的日本最早的商业街——兜町的成长。他的宅邸也是个名副其实的镇守要地。涉泽在设计新宅时启用辰野金吾，体现了他对这位引领明治建筑界的人才的期待，也是对兜町未来的展望。竣工后的建筑果然没有辜负涉泽的期望，这座汲取了威尼斯·哥特式风格、左右对称的宅邸在水面上展现了它美丽的倒影。一楼和二楼都有眺望河川的阳台，这种建筑风格虽然常用于威尼斯的建筑，但在日本还是一道罕见的风景。

"二战"后，枫川被填埋，日本桥川上方建起了高速路高架桥。但是，建于日本桥东南端的日本桥野村大楼，以及江户桥的三菱仓库（现正在进行保留外观并改建成高层写字楼的计划），这样的"二战"前建筑依然优雅地矗立原地，让人不禁回想起那曾经往来不绝的船只。涉泽荣一梦想中的"东方威尼斯"——日本桥是否还能找回往日的荣光呢？

8. 多色印刷的浮世绘版画。

名建筑观光指南

01 日本银行总行

　　日本银行总行可谓明治建筑界的帝王——辰野金吾的成名之作。这栋建筑参考了比利时银行的设计，地上三层和地下一层都是砖石结构。整体采用以廊柱和山形墙为基调的文艺复兴风格，又增添了对柱（两根一组的圆柱）、圆穹顶等巴洛克样式的元素。这也是日本建筑家首次参与国家级工程项目。虽然日本银行总行没有展现出辰野的代表作——东京站的华丽，但是在肩负着国家威信的重压之下设计出的这栋建筑物，其沉重阴郁之感扑面而来，与相邻的三越本店华丽的身姿形成强烈的反差，日银给人的印象越发沉重，我们可以从中体味所谓的"男人的哀愁"。

DATA

竣工：1896/设计：辰野金吾/地址：中央区日本桥本石町2-1-1

重视水平线的设计与规则的窗户排列给人坚实之感。

正门上方是两头石狮面对面的拱心石。

挂有历代日本银行总裁肖像画的二楼走廊。

参透巴洛克式建筑精髓的二楼穹顶天花板。

廊柱与山形墙（相当于日本建筑中的"破风"[9]的三角形部分）交织出绝妙的空间。

9. 封檐板，搏风板，山墙。日式建筑山形屋顶两端的山形板，也指这个地方。

02 日本桥高岛屋

　　日本桥高岛屋最初是日本生命修建的办公楼，后来高岛屋东京店以租赁的方式进驻。设计者高桥贞太郎还担任过宫内省[10]技师等职，当时，设计竞赛的作品无一例外，柱头都配有让人联想到斗拱（用于支撑屋檐等上部结构的承重物）的梁托（从墙壁突出的石头等结构物）装饰，最上方凸出的屋檐内侧也有类似椽子的装饰，日式风情随处可见。该建筑由低、中、高三层构成，在当时商业建筑中流行的边角部分修圆的手法下，更是凸显了建筑物整体的量感。昭和二十七年（1952）经由村野藤吾设计，增建了大型玻璃墙和墙面雕刻，也是值得一看的。这栋百货公司于2009年，被指定为日本首批重要文化遗产。

DATA
竣工：1933（1952）/设计：高桥贞太郎+片冈安+前田健二郎（增建：村野藤吾）/地址：中央区日本桥2-4-1

大理石赋予空间金碧辉煌之感。

---

10. 宫内厅的前身，掌管皇室事务的官厅。

以正大门为首，处处洋溢着日式风情。

每三扇窗户构成一个单位连续建造的设计使整栋建筑韵律感十足。

03 三井本馆

该办公大楼是以廊柱为基调的古典主义风格，采用19世纪末20世纪初流行于美国的"美式学院派"样式。外观看上去就像是巨大的廊柱支撑着一个巨大的方形箱子，给人以厚重雄伟之感。贯穿三层楼的廊柱（大柱式）采用科林斯柱式，东西面分别有8根柱子，南面的柱子更是多达18根。内部空间挑高并铺有大理石，巨大的托斯卡纳式廊柱表面还有凹槽花纹，实在是让人惊叹。

DATA

竣工：1929/设计：特罗布里奇&利文斯顿（Trowbridge&Livingston）事务所/地址：中央区日本桥室町2-1-1

一楼南侧中央的大门。庄重之中亦不乏气质与格调。

并排的廊柱给人厚重壮观的印象。

美式学院派独有的富丽堂皇的外观。

04 日本桥

现在的日本桥是历代第一座石桥，自庆长八年（1603）建成以来，历经多次重建最后在明治四十四年（1911）架设的。这座以文艺复兴样式为基调的优美的石桥，由桦岛正义、米元晋一负责结构设计，凝聚了建筑家妻木赖黄的创意。栏杆处的铜狮像和铜麒麟像出自雕刻家朝仓文夫的哥哥——渡边长男之手。整体潇洒的拱形外观唤起了人们对于江户时代木桥的记忆，同时，妻木所擅长的德国巴洛克式的装饰精神也展露无遗。

担任创意设计的是妻木赖黄。

DATA
竣工：1911／设计：米元晋一+妻木赖黄／地址：中央区日本桥1～日本桥室町2

被称为怪诞装饰的照明灯底部装饰也无可挑剔。

即使上面有高速公路，优雅的拱形之美也丝毫不受影响。

05 三越本店

　　日本最早发表《百货商店宣言》的三越，于大正三年（1914）开设了这家号称"苏伊士运河以东最大的建筑"的百货商店。设计者横河民辅是日本第一个在大楼里设置电梯的人。这栋建筑汇集了当时最新潮的设计，因此成为人们热议的东京新景点。三越本店在关东大地震中也蒙受了巨大损失，经过多次的大幅改建和扩建后，如今仍然能看见当年开业时正大门上的两尊青铜狮子像和挑高的中央大厅。

DATA
竣工：1927/设计：横河工务所[11]/地址：中央区日本桥室町1-4-1

哥特式尖头拱形窗户的三越剧院在昭和二年（1927）改建时完成。

正大门上方的装饰全部采用金色，极具装饰艺术风格（Art Déco）。

体量感十足的外观散发着大正时期的气息。

11."工务所"相当于建筑公司，负责土木、建筑等事务。

06 三菱仓库大楼（三菱仓库江户桥仓库）

我们仍能从这栋建筑上找到曾经被誉为"东方威尼斯"的"水之都"日本桥的身影。所处位置面向日本桥川和枫川（"二战"后被填埋），让人联想到停靠在岸边的豪华客轮，六楼的窗户便是仿照船窗造型，塔屋[12]则是舰桥的造型。它的设计把"水边一船"这个联想化为现实，可说是表现派特征完美展现的佳作。现在该建筑正在进行改建工程，在保留外观的同时改建成地上十八层和地下一层的高层写字楼，但是据说会尽可能地保留它极具特色的天际线。

DATA
竣工：1930/设计：三菱仓库/地址：中央区日本桥1-19

一至二楼部分与上层外墙颜色不同是该建筑一大亮点。

该建筑让人联想到岸边停靠的豪华客轮。

---

12. 楼顶的小房屋。一般用作电梯房、楼梯间、机房等。

07 野村证券本店（日本桥野村大楼）

　　与相邻的三菱仓库相同，这也是一栋让人联想到船只的造型独特的办公大楼。与简洁风格的三菱仓库相比，该建筑主体造型更为庞大。如果把前者比作豪华客轮的话，那么野村大楼就是军舰了。该建筑是关西代表性建筑家安井武雄在东京的第一件作品，以形似巨型无双窗[13]的顶层两端开口部为例，整栋建筑无处不透露着设计者的奇思妙想，深深染上了安井所提倡的"自由样式"的色彩。

DATA
竣工：1930/设计：安井武雄/地址：中央区日本桥1-9-1

颇具重量感的造型存在感超群。

大楼顶部让人想到
军舰舰桥的设计。

---

13. 日式双层格子闭合拉窗，关闭时如一块木板，错开时则为通风窗。

08 常盘桥

　　架设于日本桥川之上的常盘桥是东京都内最古老的西式石拱桥。常盘桥在江户时代位于常盘桥门所在之地，明治初期新政府从肥后[14]召来石匠建造了十多座桥梁，而常盘桥是现在仅存的一座。灯笼形状的望柱，考虑到水流的双连拱形及桥墩的形状等，每个细节都显示出和洋折中式建筑风格。之后又在它附近新建了现在的"常盘桥"，这座旧桥就成为步行专用的"常盘桥"了。

DATA
竣工：1877/设计：东京府/地址：中央区日本桥本石町2～千代田区大手町2

饱含历史沧桑感的刻有桥名的石板。

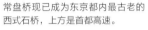

常盘桥现已成为东京都内最古老的西式石桥，上方是首都高速。

14. 旧国名，相当于现在的熊本县。

09 丸石大楼（太洋商会大楼）

　　该建筑低矮的半圆形拱门让人印象深刻，展现出罗马式的特色。黄龙石砌的一楼有以动植物为主题的雕像和浮雕等精美的装饰，罗马式特色的螺旋柱也十分优美。从二楼开始贴有沟纹砖[15]（Scratch Tile），六楼的铜制飞檐以及顶部的赤陶（意大利语Terra Cotta）制飞檐也为外观增添亮点。设计者山下寿郎因设计日本最早的超高层建筑"霞关大厦"而家喻户晓。

DATA
竣工：1931/设计：山下寿郎/地址：千代田区锻治町1-10-42

配有细小装饰的半圆形拱门。

一个接一个的拱门给外观带来轻盈的动感。

罗马式螺旋柱也是看点之一。

---

15. 长方形的瓷砖，表面有像梳子刮过的细细的纹路，属于通体砖的一种。

10 近三大楼（旧森五商店东京分店）

近三大楼最初是和服批发商森五商店为公司建造的办公大楼，也是村野藤吾从渡边节建筑事务所独立出来后设计的第一栋建筑，堪称村野的成名之作。大楼没有任何装饰的外观在当时可谓独树一帜。铝合金窗框使外墙显得更平滑，我们可以通过这些细节看出设计者想让墙壁和窗户接近"面一"[16]的良苦用心。融入前卫感的墙面，希望大家可以好好欣赏。

DATA
竣工：1931/设计：村野藤吾/地址：中央区日本桥室町4-1-21

近代主义的铝合金窗框流畅优美。

现在看来也毫无陈旧感、无任何装饰的新颖外观。

---

16. 相接平面没有高低差，处于同一平面。

11 山二证券（旧片冈证券）

该建筑竣工于昭和十一年（1936），最初是片冈证券的本店。一楼部分贴石板，二楼和三楼贴瓷砖，最顶层的四楼耸立着烟囱。圆形窗户，带有装饰的拱形窗，以及采用西班牙瓦片的屋顶等，种种个性设计都彰显着西班牙格调。设计者西村好时从大正到昭和初期设计了众多银行建筑，他也因此而闻名于世。

DATA
竣工：1936/设计：西村好时/地址：中央区日本桥兜町4-1

漆黑的外门和用沉重石板装贴的一楼部分整体厚重感十足。

建筑整体默默地彰显个性。

12 中央区立常盘小学

这所钢筋混凝土结构的小学建于关东大地震之后，当时是"复兴[17]小学"之一。该建筑的设计充分考虑到功能性和环保性。如为了采光效果采用了大型窗，等等。值得一提的是，从顶楼的拱形窗可以看出整体设计性上也毫不含糊。可见设计者当时并不是想把它建成临时应急性的小学，而是在改建前就强烈地想要把它建成一栋高质量的建筑。这一点正是这所重建小学现如今仍获得极高评价的原因吧。

DATA
竣工：1929/设计：东京市/地址：中央区日本桥本石町4-4-26

连续的拱形窗户展现着设计上的考究。

考虑到采光效果的大型窗户整齐排列，与整栋建筑的美感密不可分。

---

17. 日语的"復興"本意为复兴、重振，相当于中文的"灾后重建"。

13 中央区立十思广场（中央区立十思小学）

　　该建筑曾经也作为复兴小学使用过一段时间。跟常盘小学一样，特征都是最上面的部分采用拱形窗，但是贴墙廊柱等设计却流露出浓厚的古典主义色彩。另外，该建筑的转角采用圆弧形的设计，这种手法常见于当时的复兴小学建筑，可以说是流行于昭和初期的表现主义设计的体现。江户时代最古老的"石町时之钟"也迁到了与这栋建筑相连的十思公园里。

DATA
竣工：1928/设计：东京市/地址：中央区日本桥小传马町5-1

窗框虽然改成铝合金，但大小不一的拱形窗户的效果依旧。

最初作为复兴小学而兴建的建筑，如今已成为中央区的综合设施。

银座
GINZA
潮男潮女昂首阔步的
时尚激情延续至今

　　时尚、饮食、文化，银座地区在各个方面都占据着东京的中心地位。随着关东大地震的灾后重建，街头开始出现剧院、百货商店、咖啡馆等建筑，向往新兴事物的潮男潮女们纷纷来此享受"银座漫步"。让我们在银座的街头巷尾寻找当年大正、昭和时代的摩登片段吧。

照片左边是明治二十八年（1895）竣工的服部钟表店的钟塔和瞭望台，它们是银座的象征。

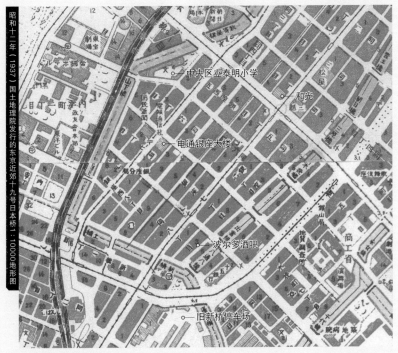

○中央区立泰明小学
　　　　　　　　　　○—和光

　　　　　　電通银座大楼

　　　　　　○—波尔多酒吧

　　旧新桥停车场—

昭和十二年（1937）国土地理院发行的东京近郊十九号日本桥1：10000地形图

○—中央区立泰明小学
　　　　　　　—和光

　　　○—电通银座大楼

　　　　　○—波尔多酒吧

　　　○—旧新桥停车场

追溯银座的历史
HISTORY OF GINZA

作为文化、信息传播中心发展至今的街区

　　江户时代的银座是工商业者居住的街区，与相邻的京桥和日本桥相比，给人较为朴实的印象。但是一场银座大火改变了它原有的面貌。这场大火的起火点位于和田仓门内的兵部省，现在银座的北半边和筑地周边都被烧为灰烬。但政府却以此为契机制定了西式防火都市的规划。下面我要细说的"银座砖瓦街"就是当时作为银座重新开发计划而建造的。连接京桥和新桥的大路两边都是双层的商家民房，屋屋相连，井然有序。据说当时由于租金昂贵、建筑潮湿漏雨等问题，实际上很多是空屋。但是，通过报纸、杂志等媒体对这个东京的新景点进行报道后，口碑越来越好，银座就成为记者及新文化推动者活动的信息发源地，进一步吸引了世人的目光。

　　虽然大半区域在关东大地震中遭受了毁灭性的打击，但是以居住在山手的中产阶级为主顾的银座，又接连出现了百货商店和剧院等商业设施，一步步地实现自己的复兴，这种势头一直到昭和也丝毫没有减退。即便是现在，银座作为日本代表性的繁华街区，人气也是势不可当。

　　顺便给大家讲一个小故事，当时地震造成的大量断瓦残垣被用于填补洼地，而被填起来的洼地就是被誉为"日本最长"的品川区"户越银座"。现在日本全国各地都能看见"户越银座"，而这个户越银座可是头一家。

明治四十年（1965）前后的银座大街。市营电车背后的白色建筑物上写有"デパートメントストーア"[1]的字样。

----

1. 百货公司（Department Store）。

银座砖瓦街

砖砌街道成为先驱，给之后的城市打造带来巨大影响

明治五年（1872）2月26日，银座至筑地一带发生了一场大火。当时，筑地有外国人居留地[2]，南端的新桥又有铁路即将开通。因此，政府恰好以此为契机采用砖砌建筑重建街区，这项工程对当时不平等条约的修改起到了正面作用。银座砖瓦街计划使肩负首都东京新时代的银座实现了华丽变身。时任大藏大辅[3]的井上馨和大藏小辅[4]的涉泽荣一及东京府知事由利公正等人聘请了爱尔兰工程师沃特斯（Thomas James Waters）负责欧式街区改建计划的设计。沃特斯的方案即刻投入施工，明治十年（1882）砖瓦街建成。

银座砖瓦街不光拥有美丽的景观，道路的扩建，行车道步行道分离，行道树和路灯等设计都为如今的城市街道开了先河，给之后的都市发展方向带来了巨大的影响。虽然对于这次计划也有"无视居民的政府城市打造"——石塚裕道《日本近代都市论（东京1868—1923）》——这样的批评，但是，在缺乏城市规划的东京历史上，把一个街区建设成一个井然有序的整体，从这一点来说确实是意义非凡。

新桥附近的大楼上看到的银座街景。

---

2. 相当于租借地。

3. 日本官职。

4. 日本官职。

名建筑观光指南

01 和光（旧服部钟表店）

　　面向银座四丁目十字路口而建的这栋优美的大楼，是昭和七年（1932）作为服部钟表店（现精工控股股份有限公司）的本社大楼建造起来的。外墙沿着十字路口的形状呈现弧形并修建高塔，是昭和初期非常流行的设计手法。装有时钟的高塔有钟楼的功能，会定时响起"叮叮咚咚"的威斯敏斯特报时曲并敲响整点的钟声，是几点就响几声，而第一声便是整点的时间。另外，廊柱构成的四连窗的韵律感和以屋檐为首的精美装饰等洋溢着古典格调，这正是被誉为"样式名家"的建筑学家渡边仁的拿手绝活。建筑物内部随处可见的装饰艺术设计营造出一个时尚的空间，这座银座地标性建筑名副其实的华丽氛围让无数来访者为之倾倒。

DATA
竣工：1932/设计：渡边仁/地址：中央区银座4-5-11

廊柱顶部装饰有"服部"首字母"H"的徽章。

装饰艺术为建筑左侧的古典大门增色不少。

巴洛克色彩浓厚的钟楼装饰。

在这块横宽与纵深都不够的地皮上，却敢于利用弧形强调转角的外观设计，堪称"和光流"。
又只在转角处上方搭建钟楼提升高度，让你的目光不由自主地上移。

02 中央区立泰明小学

　　泰明小学于明治十一年（1878）创立，历史悠久，但是原来的木造校舍在关东大地震中被烧为一片灰烬，昭和四年（1929）又新建了钢筋混凝土的三层校舍。墙壁厚度一般是15cm，而这栋建筑则厚达22cm，牢固的构造使它遭遇东京大空袭也屹立不倒。位于市中心的狭窄地盘，为保证采光效果都采用了大型窗户，只有三楼用了半圆形的拱形窗。整体都不采用装饰的基础设计跟其他复兴小学并无二致，被称为"法兰西大门"的门扇和装饰艺术风格的大门等设计使这所小学很有银座的感觉，请一定要好好欣赏。钻进与高速公路之间的那条小路就可以看到这栋建筑的正面，曾经从外堀一侧也能看见。

DATA
竣工：1929/设计：东京市/地址：中央区银座5-1-13

布满爬山虎的外墙与校徽
让人感到历史的沧桑。

粗大的廊柱使用错层设计，装饰艺术风格的
大门设计在复原小学中可谓独具特色。

仅仅是一座为孩子设计的建筑物，却汇聚了当时最先进的设计，堪称名作。

03 旧新桥停车场

日本最早的铁路于明治五年（1872）正式运行，新桥停车场就是东京一侧的起点站，铺设铁路的目的是连通有外国船只进出的横滨和建有外国人宿舍的筑地居留地，因此，该建筑的设计也是由美国工程师布里金斯（Richard P. Bridgens）担任的。两栋对称的木骨架石砌双层建筑由一栋木造平房连接车站，俨然是文艺复兴风格的西式建筑。在当时那个高层建筑罕见的年代，建设这栋大型建筑也是出于展现首都威严和推动国家现代化建设的目的。大正十三年（1914）东京站开始运营后，它原本作为终点站的功能就被替代了，站名也被改为汐留站，变成货运车站，而关东大地震时最初建造的车站大楼也被烧毁。平成三年（1991）埋葬文化遗产调查工作启动，调查中发现了车站的地基和月台，并于平成十五年（2003）修复完成，"旧新桥停车场"又找回了昔日容颜。

DATA
竣工：1872/设计：理查德·布里金斯/地址：港区东新桥1-5-3

上面有半月形梳子状山形墙的一楼窗户。二楼窗户的山形墙为三角形。

不仅再现了连接到车站的石砌月台，连轨道起点的"0英里标识"和车挡也恢复了原貌。

车站外观采取对称式设计。可以通过玻璃地板观摩遗留下来的车站地基等结构。10至17点参观免费，周一公休。

AREA 2 银座

04 波尔多酒吧

　　波尔多酒吧建成于昭和二年（1927），是银座现存最古老的酒吧，如今仍在营业。建筑物的表面长满了爬山虎，给人一种与众不同的感觉。设计者的奥田谦次是名古屋资本家的儿子，从设计到内部装潢都由他亲自操刀。这栋木造的双层建筑展现出15～17世纪初流行于英国的都铎式山间小屋的风格。内饰采用了当时非常罕见的"舶来品"及豪华客轮上使用过的各种器物，这些风格迥异的装饰营造出一处极有个性的空间。据说波尔多酒吧原本是会员制，山本五十六、永井荷风、白州次郎等诸多名人都是它的常客。历经战争的劫难仍屹立于银座中心不倒的波尔多酒吧，可说是现役酒吧中相当稀有的建筑了。

DATA
竣工：1927/设计：奥田谦次/地址：中央区银座8-10-7

石面地板的尽头是铺着红地毯的通向二楼的楼梯。

置身于黑亮的房梁与斜柱纵横交错的店内，仿佛穿越时空，回到昔日美好时光。

虽然冬季爬山虎枯萎呈茶褐色，但一到夏天，建筑便会被绿油油的爬山虎所覆盖。

05 电通银座大楼

　　这栋地上八层地下两层的建筑竣工于昭和九年（1934），当初是大型广告代理商电通公司的前身——"日本电报通信社"的本社大楼。转角设计成弧形，外墙贴着有光泽的小方砖，窗户采用横向的长方形设计。它朴实刚健的形象中也随处可见当时最时尚的要素。大楼窗户采用钢框，一楼入口和窗户都配备有防火卷帘门和自动灭火装置，这些抗震防火的设计在当时是非常先进的。得益于这些设计，这栋大楼在东京大空袭中也能幸免于难。正门上方的社徽两边是广目天和吉祥天的浮雕，是公司守护神的象征。位于电梯大厅的马赛克瓷砖装饰也是精妙绝伦。

DATA
竣工：1934/设计：横河工务所/地址：中央区银座7-4-17

电梯大厅墙壁上贴的马赛克瓷砖精妙绝伦。

广目天是奈良东大寺戒坛院四天王之一，手持毛笔与卷轴的形象广为人知。

横向长方形的窗户和弧形的转角是昭和初期最时尚的样式。

筑地
TSUKIJI
奠定文明开化基础的街区，寺院神社、海军及外国人居留地所在地

筑地是江户时代建造的城镇，"筑地"这个词本身就是填海造地的土地的意思。江户时代，这里以本愿寺为代表的寺院遍布各处。到了明治初期，这里又成为外国人居留地，之后又有众多海军相关设施建设于此，筑地在每个年代都担任着重要的角色。曾经的护城河如今变成公园，仍然向我们诉说着筑地的往事。

站在筑地川对岸遥望帝国海军的海军参考馆。堪称海军中枢的筑地，建有各种各样的海军设施。

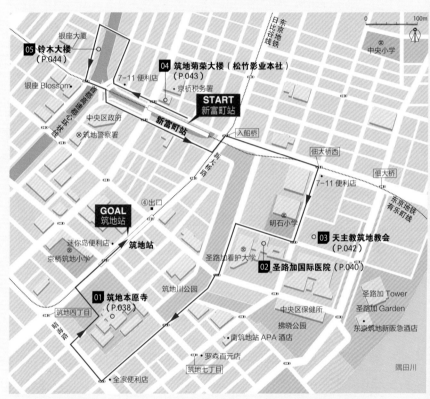

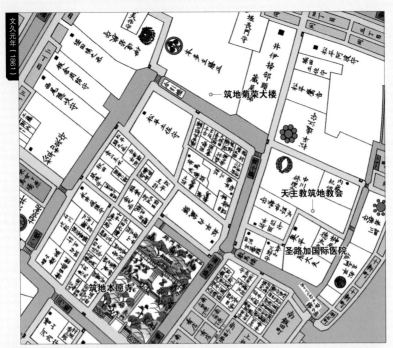

筑地菊荣大楼

天主教筑地教会

圣路加国际医院

筑地本愿寺

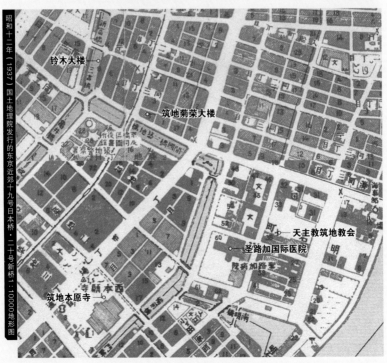

铃木大楼

筑地菊荣大楼

天主教筑地教会

圣路加国际医院

筑地本愿寺

追溯筑地的历史
HISTORY OF TSUKIJI

日本最早的真正意义上的酒店建立于此，用于接待外国人

　　浅草的西本愿寺在明历三年（1657）的明历大火中被烧毁，筑地就是当时信徒们为了迁建本愿寺而填建起来的土地。江户时期，筑地的大半地区都被大名和旗本[1]的宅邸所占据。江户时代末期开设了军舰操练所，胜海舟也作为教授赴任。从操练所开设起到"二战"结束，筑地可谓海军基地，兴盛一时。安政五年（1858）签订安政五国条约后，明治二年（1869）筑地居留地设立，基督教的教会及外国公馆也随之出现，筑地也就成为现在的立教大学、青山学院等众多教会学校的发祥地。当时考虑到市场开放后会有更多外国人来江户，于是幕府于庆应四年（1868）无偿提供土地建起了筑地酒店。清水组（现在的清水建设）负责建造和经营的这座大型酒店拥有102个房间，配备有冲水马桶、沐浴间和吧台，是日本最早的正式酒店。但是，筑地居留地并未达到预期发展，酒店也因此经营不善，它的身影也随之消失在银座大火之中。

　　筑地虽在关东大地震中化作一片焦土，但在昭和十年（1935）鱼市场从日本桥搬到这里后，随着场外也建起了市场，筑地逐渐成为有名的市场区。但筑地市场已决定迁至丰洲。

1679年建成的西本愿寺。当时寺院的正殿面朝西南方，而如今的场外市场一带就是门前町[2]。

---

1. 日本江户时代直属将军的家臣中，俸禄在1万石以下、有资格直接晋见将军的家臣。
2. 日语中的"門前町"，指的是在寺院或神社门前形成的市集、街区。

居留地和西式建筑

以异人馆为首，全国居留地兴建起各色建筑

　　说到筑地，这里因为明治二年（1869）外国人居留地的设置而广为人知。所谓居留地，就是"在习惯上和条约上认可外国人居住营业的一定区域"（《国史大辞典》），租借的土地和建筑物的所有权都包含在内的外国人的所有权被称作"居留"，这就是"居留地"一词的由来。除了筑地，箱馆、神户、长崎、新潟等地都设有所谓的居留地。筑地的话，从现在的"凑"³到明石町，曾经被称作筑地铁炮⁴洲的这一带都是居留地的地盘。

　　居留地随处可见异人馆，所谓"异人馆"，就是西洋风格的住宅或商店。大部分的异人馆都是带有开放式阳台的平房建筑。文久三年（1863）横滨建成日本最大的居留地，那里也能看到众多和洋折中式建筑。活跃于这个横滨居留地的日本人——木匠大师清水喜助（第二代）出生于江户，他在开港之初就来到横滨，与当时已经成名的美国工程师布里金斯（Richard P. Bridgens）合作，从事横滨居留地的工作。清水喜助最后回到了江户，在筑地居留地设计建造了日本第一家酒店"筑地酒店"，也是日本人自己设计建造的第一座西式建筑。说筑地是东京近代建筑史的起点也不为过。

为来访的外国人修建的筑地酒店。应英国公使巴夏礼（Harry Smith Parkes）的要求而建。

---

3. 港口、海港。
4. 日语中的"鉄砲"指的是枪、炮。

名建筑观光指南

01 筑地本愿寺

　　这座风格迥异的寺院是由建筑史学的开拓者——建筑家伊东忠太设计的。整座建筑的外观都表现出了"佛教起源可以追溯到印度"的理念。外墙全部采用冈山产的万成石和鬼赤石装贴，佛舍利小塔则位于两端。建筑内部设计倒没有外观那么奇特，"内阵"[5]和"外阵"[6]的分隔，覆盆式藻井的天花板等，这些要素都沿袭了日本传统寺院建筑样式。圆柱基座部分的装饰则是仿造中国传说的"朱雀""白虎""青龙""玄武"四大神兽。另外，以凤凰像为首的各种谜一般的"生物"也栖息于这栋建筑的各处。喜好奇珍异兽的伊东忠太打造的这栋个性建筑还真是颇具他的风格。

DATA
竣工：1934/设计：伊东忠太/地址：中央区筑地3-15-1

正殿入口处的楼梯间，左右两旁有延伸到地下的台阶，望柱上是牛的雕像。

台阶两侧并排的雕像并非狛犬[7]而是长了翅膀的狮子。造型让人联想到狮鹫（griffon）。

---

5. 神社或寺院内用于安置神体或本尊的最里面的部分。

6. 位于神社或寺院的正殿，内阵外侧的用于参拜神佛的地方。

7. 石狮。

楼梯间盘踞着许多动物与幻兽，伊东忠太的爱好可见一斑。

西本愿寺派第二十二代传人大谷光端曾经为了探寻佛教的起源在亚洲各地探险，伊东忠太也参加了这个大谷探险队。这两人更是携手把东京别院重建成日本罕见的印度式伽蓝。

02 圣路加国际医院圣路加礼拜堂

　　昭和八年（1933）竣工的圣路加国际医院最初由捷克出身的安托宁·雷蒙德（Antonin Raymond）和贝迪奇·弗瑞斯坦（Bedich Feuerstein）共同设计。然而他们强调现代主义的禁欲式设计却引来一片骂声，因此雷蒙德不得不退出，改由美国教会系的建筑家约翰范魏·伯加米尼（John van Wie Bergamini）继续设计，完成了这栋充满装饰创意的建筑。平成四年（1992）住院部大楼被拆除，现存的只有正中间的小教堂（chapel）和尖塔。突出垂直线的哥特式尖塔头顶十字架引人注目，尖塔的细节装饰采用艺术风格，也是美轮美奂。小教堂的连续尖拱和肋架拱顶（Rib Vault）打造出哥特式的华丽空间。

DATA
竣工：1933/设计：约翰范魏·伯加米尼+安托宁·雷蒙德等人/地址：中央区明石町9-1

尖塔正下方的礼拜堂。相当于五层楼高的肋架拱顶正是精髓所在。管风琴是之后增设的。

平成七年（1995）保留礼拜堂的形式而改装后的旧馆。现在作为看护大学使用。

礼拜堂入户大厅。最里面挂有创建人泰斯勒（Rudolf Bolling Teusler）博士的肖像照。

改建前的圣路加国际医院全景。

03 天主教筑地教会

　　这栋木造双层建筑竣工于昭和二年（1927）。前身的圣堂是明治十一年（1878）举行献堂仪式的砖砌建筑，关东大地震中倒塌后又重建为木造建筑。虽说是木造，但是这栋真实再现了希腊神殿风格的建筑看上去就像是用石头或水泥建造的。据传它的设计是出自吉洛吉亚斯神父和石川音次郎之手，市野民次郎负责施工。梭柱（中间粗）设计的多利克柱式廊柱，梁柱的雕刻（trigraph），内部的三廊式结构等要素都表现出相当典型的西洋式风格，但天花板是日式的藻井，地板最初也是铺着榻榻米的。山形墙（封檐板）处的蔷薇和郁金香雕刻也十分精美。

DATA
竣工：1927/设计：吉洛吉亚斯神父+石川音次郎/地址：中央区明石町5-26

教堂内部是长方形廊柱大厅（Basilica三廊式），支撑侧廊的多利克柱式廊柱营造出神殿般庄严肃穆的空间。

柔和的光线透过彩绘玻璃窗（Stained Glass）照在祭坛的基督像上。

希腊神殿风格的厚重外观。

04 筑地菊荣大楼（松竹影业本社）

　　该建筑随处可见昭和初期现代主义风格的独特设计。如果观看它的外墙，就会发现它每层中间都有略微向上翻卷的设计，这是一种受到立体主义影响的结构设计，利用逆向远近法的视觉效果使观看者产生错觉。20世纪20年代初，这种装饰艺术风格的手法在日本非常流行，被积极地运用于建筑设计中。这栋建筑原本就是电影公司的本社大楼，会用如此时尚的设计想必也是理所当然的。

DATA
竣工：1927/设计：大林组/地址：中央区新富2-7-8

一楼部分使用沟纹砖非常醒目，上面的楼层则是砂浆涂装的简约感摩登大楼。六楼以上是"二战"后新建的楼层。

大门上方贴满沟纹砖的倒梯形装饰，是整栋大楼唯一的突出点。

05 铃木大楼

现在大楼里虽然是咖啡店和办公室，但以前被称为"甲子屋俱乐部"，主要出租给日本传统技艺的练习者使用。建筑物整体的装饰艺术风格要素颇多。装有马蹄状窗户的铜瓦屋顶，形状不一的窗户，组成方格图案的赤陶瓷砖和沟纹瓷砖，一楼圆柱上的几何造型浮雕等，设计者变化多端的创意随处可见。建筑物内部所用的布纹砖也是看点之一。

DATA
竣工：1929/设计：新定藏+山中设计
事务所/地址：中央区银座1-28-15

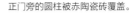
正门旁的圆柱被赤陶瓷砖覆盖。

建筑正面，垂直跨越楼层的飘窗与圆窗不对称排列，一楼挑檐采用了赤陶瓷砖装饰，实为装饰艺术风格的优秀作品。

丸之内—有乐町

MARUNOUCHI · YUURAKUCHO

位于皇居和东京站之间的
东京中心区

　　随着东京站丸之内本屋[1]的修复，丸之内—有乐町也吸引了日本全国的关注，这里作为日本经济的中心地区汇集了众多具有极高历史价值的建筑物，例如：重要文化遗产的明治生命馆，以及已注册有形文化遗产的日本工业俱乐部会馆，等等。这里还有不少经过改建保留了部分原貌或再现昔日面貌的建筑，让我们来走访这个优美的街区，一起追忆它的过往吧。

明治四十年前后的八重洲町周边风貌。现在的八重洲一般指东京站东侧一带，但在东京站建成之前从这条街的前面还能看到皇宫。

1. 主楼。

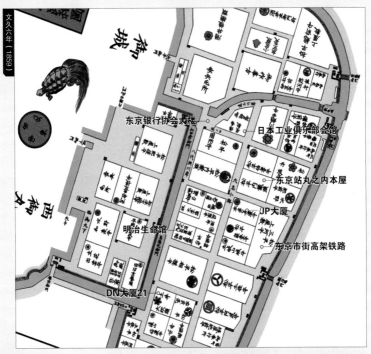

文久六年（1859）

东京银行协会大楼
日本工业俱乐部会馆
东京站丸之内本屋
JP大厦
东京市街高架铁路
明治生命馆
DN大厦21

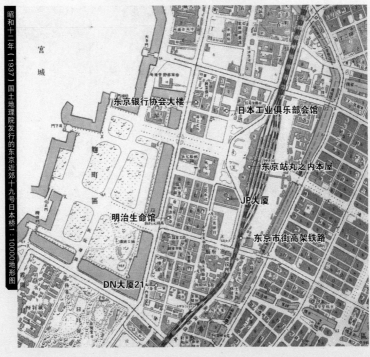

昭和十二年（1937）国土地理院发行的东京近郊十九号日本桥1：10000地形图

宫城

东京银行协会大楼
日本工业俱乐部会馆
东京站丸之内本屋
JP大厦
东京市街高架铁路
明治生命馆
DN大厦21

追溯丸之内—有乐町的历史
HISTORY OF MARUNOUCHI·YUURAKUCHO

三菱设计建造，被誉为"一丁伦敦"的街区

下令在这片曾经被称作"日比谷入江"的海湾地区填海造地的就是德川家康，目的是扩建江户城[2]。1657年的明历大火之后，大名的上屋敷都集中到这里。现在的东京站到皇居护城河一带建起了亲藩[3]和谱代[4]大名们的宅邸，因此得名"大名小路"。明治时期，这里则是各个政府机构、陆军的兵营及练兵场的所在地。但在明治二十三年（1890），丸之内一带向民间出售，岩崎财阀第二代的弥之助率领的三菱公司就成了买主。买下这片广阔土地的三菱仿效伦敦的伦巴第街（Lombard Street），计划把现在的马场先路一带建成现代化的商务街区。明治二十七年（1894）三菱一号馆竣工，这是一栋由英国建筑家约西亚·肯德尔（Josiah Conder）设计的砖砌3层楼建筑。明治末期，这个街区已经建起了并排的20栋砖砌建筑，长达"一丁"（约100米），景象壮观，"一丁伦敦"因此得名。

大正三年（1914），辰野金吾设计的东京站竣工。之后的大正、昭和时期，钢筋混凝土结构的高层大楼接连拔地而起，这处代表日本的商务街区得到了迅速发展。平成三年（1991）东京都政府迁至新宿后，这里作为东京中心的存在感逐渐减弱，但是后来得益于三菱地所[5]的再开发计划又恢复了生机，平成二十一年（2009）三菱一号馆也修复完成。

连接神户与东京的国有铁路的新桥站，以及日本最早的私有铁路——日本铁路的上野站，两个站通过东京市街高架铁路相连。拱形的铁路结构遗留至今。

---

2. 江户时代幕府将军的居城。

3. 江户时代与幕府将军有近亲关系的大名，有"御三家"之称的尾张、纪伊、水户藩最为重要。

4. 即世袭的大名世家，指关原之战之前一直追随德川家康的大将。地位仅次于亲藩大名。

5. 是日本的一家不动产公司，为三菱集团核心企业，成立于1937年，总部位于东京。

保存东京站的意义

让后代传承历史建筑，基于特殊制度的成果

　　东京站是明治建筑界巨头辰野金吾晚年的作品，昭和二十年（1945）5月25日的空袭中，三楼部分和房顶被烧毁。"二战"后做过应急性的修复后，就这样过了将近60年的时间再未动工。到了平成十四年（2002），JR东日本宣布要把丸之内车站复原成创建之初的模样。2007年5月30日修复工程启动，2012年10月竣工。这次修复工程就是在"空间权交易"制度下进行的。这是一种认可建筑物上空建筑权的特殊制度，该制度在日本首次应用是在2002年，东京站周边的约为120公顷的土地被指定为"特例容积率适用区域"。丸之内车站的所有者JR东日本就依据此制度把未使用的容积率转让给三菱地所，以筹措修复车站的费用。三菱地所购得的权利提升了新丸大楼和东京大楼等建筑的容积率，建筑物也能建到迄今为止的法规下不可能达到的高度了。

　　近年来，三井本馆（1929）和明治生命馆（1934）被指定为国家重要文化遗产保留了下来，这些历史建筑的保护也是得益于东京都新制定的"文化财特别型特定街区制度"。优秀文化遗产得到传承，行政上给予支持——这可谓最理想的保留历史建筑的方法。从这一点而言，丸之内车站的修复工程意义深远。

1914年正对皇宫修建的东京站原本是被规划为高架铁路的中央停车场，当时丸之内还是一片荒芜。

名建筑观光指南

01 东京站丸之内本屋

　　明治建筑界的巨头——辰野金吾晚年的超级巨作。辰野在数次英国留学中，被红砖花岗岩交替堆砌而形成华丽红白对比的安妮女王风格深深吸引，并应用到自己的作品当中。这种建筑手法不知不觉间就被冠以"辰野式"的名字，东京站可说是集"辰野式"之大成的作品。这栋全长335米的庞大建筑在每个重点上都被赋予哥特式的垂直线条，不仅减弱了冗长感，还展现了大都市的繁华。这栋建筑虽然扛过了大正十二年（1923）的关东大地震，但在"二战"的空袭中，两翼的圆屋顶及三楼部分受到严重损毁，变成"两层楼+四坡屋顶"的样子。平成二十四年（2012）修复工程完成，它又恢复了竣工之初的面貌。不管怎样，这座极具个性的辰野式建筑又复苏了。

DATA
竣工：2012（1914）/设计：辰野金吾/地址：千代田区丸之内1-9-1

战争中被炸毁的三楼部分现已复原成刚建成时的模样。

南北半圆形屋顶内部，三楼以上部分全部按最初的设计复原，就连细节也都依照创建时的理念得以忠实再现。

庄严的大门散发着强者的气息。

红褐色砖块与白色石块重叠出独特存在感的车站全景。车站约有一半都被东京站大饭店占据，围着南北两翼的圆顶而建的一圈客房是欣赏穹顶天花板的特等席位。

02 明治生命馆

　　该建筑是被誉为"样式天才"的建筑家冈田信一郎的遗作。大楼正面并排的10根廊柱柱头可见精致的毛茛叶雕刻（科林斯柱式），随处可见的装饰以及精确的比例——这种设计的高度恐怕只有精通西洋建筑样式的冈田信一郎才能达到。内部空间点缀着雅致华丽的装饰，这在昭和时代的办公大楼中也是少见的，让人感受到这位仅仅48岁就与世长辞的建筑家的执念。该大楼可以说是自明治时期以来，日本向西方学习建筑样式的里程碑式建筑。明治生命馆的部分区域会在每周六、日的11:00～17:00（12/31，1/1～3，电力设备检修日除外）对外开放，包括一楼的营业大厅和曾为驻日盟军总司令部（GHQ）对日理事会会场的二楼会议室的各个办公室、会客室可供参观。

DATA
竣工：1934/设计：冈田信一郎/地址：千代田区丸之内2-1-1

木头的厚重质地与天花板的装饰、古典风格的照明设备都赏心悦目的会议室。

两层楼高的一楼营业大厅，挑高的巨大空间气势浩大，十分壮丽。

办公室里上方嵌有时钟的壁炉设计也是独具匠心。

三层结构的壮丽建筑物，下层采用石砌风格，中层10根巨型廊柱一字排开，上层连续的窗户韵律感十足。

03 DN大厦21（第一生命相互馆·农林中央金库大楼）

　　著名的第一生命相互馆曾为驻日盟军总司令部的行政大楼，跟明治生命馆一样，结构都是有10根廊柱的古典主义样式，但是该建筑没有任何细节装饰，这倒是给人一种前卫的印象。设计者渡边仁还设计了和光（1932/p.026）、东京国立博物馆本馆（1937/p.104）、原美术馆（1938/p.230）等各式建筑。这栋建筑之所以受到麦克阿瑟（Douglas·MacArthur）的青睐，除了它最新的设备之外，古典风格的构架融合了现代化的巧妙设计也是原因之一吧。同样也是出自渡边之手的农林中央金库（昭和八年）紧挨着第一生命相互馆而建，平成七年（1995）这两栋建筑合而为一且上面增建超高层大楼，这样，它们就以DN大厦21的形式得以重生了。这也是建筑物部分保留的积极案例。该大厦不对外开放。

DATA
竣工：1995（1938·1933）/设计：清水建设+凯文·洛奇[6]（渡边仁+松本与作）/地址：千代田区有乐町1-13-1

作为第一生命馆西侧的保留部分，六楼贵宾室维持了原貌。

同样在六楼，还保留着麦克阿瑟纪念室。据说盟军总司令麦克阿瑟亲自看了好几栋建筑物，最后才定了这里。

摒弃细节装饰，强调简约前卫感的外观。中间上方的是后来增建的二十一层大楼。

6. Kevin Roche，美国建筑家。

04 日本工业俱乐部会馆

该建筑是日本工业俱乐部（大正六年设立）建造的会馆，团琢磨为俱乐部的第一任理事长。它的设计出自横河工务所的首席建筑师——松井贵太郎之手，简约的几何造型细节装饰体现出分离派（德Sezession）的现代感。从东京站的丸之内出口走出来，第一眼就能看到这栋近代建筑。长年来人们感觉颇为亲切，但平成九年（1997）由于建筑物老化等原因决定重新修建，只有新建大楼脚下的旧楼南侧部分得到修复保留。被玻璃幕墙的超高层大楼所遮盖的形象多少有些违和感，但是比起同一建筑师设计的东京银行集会所的部分保留，这还算是好的。虽说只剩下西面还使用着当时的瓷砖，也是值得鼓励的。

从一楼大厅可以看到馆内中央铺设的优雅大楼梯。

正面屋顶上是手持铁锤的男性雕像与手握线轴的女性雕像，寓意当时煤炭业与纺织业两大产业。

DATA
竣工：2003（1920）/设计：三菱地所（横河工务所）/地址：千代田区丸之内1-4-6

曾经是大食堂的三楼大厅。

以"硬派又优雅"为宗旨的外观，其分离派的简洁风格魅力十足。

05 东京银行协会大楼（东京银行集会所）

　　这栋砖砌建筑是涉泽荣一创立的东京银行协会所建造的集会设施。设计由横河工务所负责，同一区域的日本工业俱乐部会馆及2007年被拆除的三信大楼（昭和四年）都是松井贵太郎的设计作品。深红色的砖块与白色花岗岩交相辉映，屋顶形状丰富多彩，勾勒出优美的天际线。内部空间采用了多种建筑风格，魅力满满。平成五年（1993），长达7米的西墙和南墙的外观得以保留，背后建起了十八层的办公大楼，它从此就有了一个新的名字——"东京银行协会大楼"。保留下来的墙面虽"薄"但原汁原味，只是原有的优美天际线已经找不到了。

DATA
竣工：1993（1914）/设计：三菱地所（横河工务所）/地址：千代田区丸之内1-3-1

虽说通过背后的十八层大楼的修建有部分被保留下来，但其保留的形式却成为人们议论的焦点。

虽然称不上有多大，但绝对可以说是古典的优雅与气质兼备的建筑。

06 JP大厦（东京中央邮局）

　　这栋钢骨钢筋混凝土结构的五层楼建筑，其梁、柱结构凸显，大型窗户则使内部空间采光效果极佳。这种合理的设计在当时可说是极其前卫，也获得了布鲁诺·陶特（Bruno Julius Florian Taut）和安托宁·雷蒙德（Antonin Raymond）等国外建筑家的赞赏。虽然受到保留运动的阻挠，但是大楼还是遭到拆除，2012年重生为JP大厦（由保留了一部分的旧楼低层建筑和高达200米的高层建筑构成）。

DATA
竣工：2012（1931）/设计：三菱地所设计（吉田铁郎）/地址：千代田区丸之内2-7-2

大型窗户连续有规律的排列，其合理的设计亦是特色之一。

作为外墙亮点的大钟也被复原。

旧楼的1/3得以保留，2013年日本邮局直营的商业设施"KITTE"开始营业。

07 东京市街高架铁路

　　德国工程师巴尔策（Franz Baltzer）当时被雇用为铁路的技术指导，东京市街高架铁路的设计就是由他操刀的。当时混凝土技术并不成熟，因此采用了砖砌连拱的结构。明治二十九年（1896）开始施工，大正三年（1914）长达2.8公里的拱桥建成，覆盖了从现在的JR东京站北侧至JR新桥站的滨松町邻近一带。该建筑可说是明治时期正式砖造建筑的珍贵遗构[7]。

DATA
竣工：1914/设计：弗兰兹·巴尔策/地址：千代田区有乐町1及其他

红砖由深谷的"日本炼瓦制"[8]生产。

结实的构造在关东大地震中也未受重大损坏。

拱桥下是各种餐饮店，怀旧风情深受人们喜爱。

---

7. 保存较完好年代较久的建筑物。
8. 日语名为"日本煉瓦製造株式会社"，是一家砖厂。

日比谷—霞关

HIBIYA · KASUMIGASEKI

动荡年代的舞台，日本政治、外交的中枢

　　日比谷的"日比"[1]这一词指的是海苔养殖所使用的竹子或小树枝，当初把江户城周边的沼泽地区填起来用于建造大名宅邸——就是这片土地的源起。明治维新以后，集中了国家各种政府机关的霞关便成为日本政治、外交的中枢，因此，这里随处可见经历过动荡年代的各种历史建筑。

竣工不久的日比谷公园。从跟前的白鹤喷泉看过去，对面就是大审院[2]和司法省等建筑物。

---

1. 日语发音为"HIBI"。
2. 日本旧宪法下最高的司法法院，相当于现在的最高法院，但无司法行政监督权。

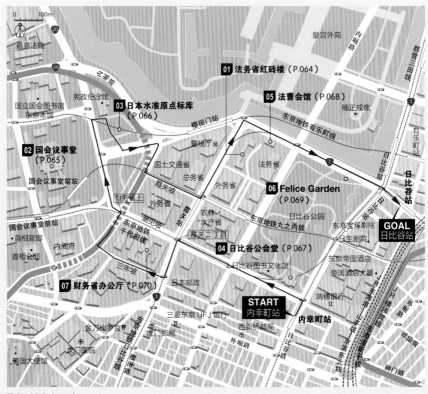

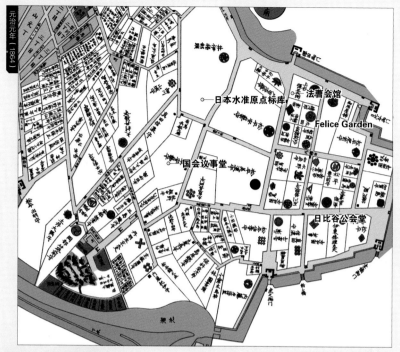

日本水准原点标库

法曹会馆

Felice Garden

国会议事堂

日比谷公会堂

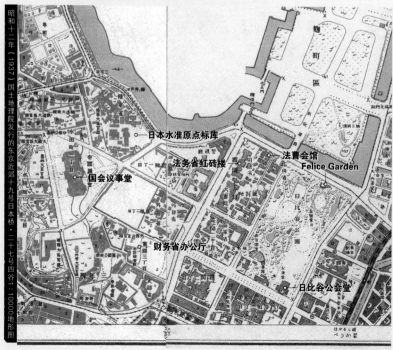

日本水准原点标库

法曹会馆
Felice Garden

法务省红砖楼

国会议事堂

财务省办公厅

日比谷公会堂

追溯日比谷—霞关的历史
HISTORY OF HIBIYA·KASUMIGASEKI

巴洛克都市计划，化为泡影的首都大改造

　　江户时代的日比谷—霞关一带几乎都是大名宅邸。进入明治，这里大部分的土地都被新政府征收用作军事用地和政府机构用地，旧长州藩[3]邸的土地也被改建成陆军练兵所。明治十九年（1886），为了对东京中心地区进行大改造，新设了一个直属内阁的组织——"临时建筑局"，由当时的外务卿井上馨担任总裁。井上聘请了当时以妻木赖黄为首的声名显赫的日本建筑家们，以及在柏林共同开设建筑事务所的赫尔曼·恩德（Hermann Gustav Louis Ende）和威廉·伯克曼（Wilhelm Böckmann），根据巴洛克城市规划的手法制定了都市规划方案，把议事堂[4]和行政机构都集中建到一个地区。

　　然而，由于修改不平等条约的交涉失败导致事态急转直下，井上辞任总裁后该计划也没有下文了。但是，设立议事堂的方针在计划终止后也没有动摇，木造的临时议事堂成功搭建，赶上了明治二十三年（1890）帝国议会的开设时间。这座木造的议事堂几经烧毁和修复，在昭和十一年（1936）才建成现在的议事堂。

　　陆军练兵所在明治二十五年（1892）遭到废止，在它的旧址上建起来的就是日比谷公园。日比谷公园有日本最早的西式庭园和音乐大厅，这里不仅是市民所钟爱的休闲场所，更成为各种社会运动和市民大会的历史舞台，推动着日本的现代化进程。

明治二十四年（1891）第二次临时议事堂建成，取代因漏电事故被烧毁的第一次临时议事堂。图为第二次临时议事堂。

---

3. 日本江户时代管辖长门和周防两国的藩，藩主毛利氏。幕府末期同萨摩藩携手成为倒幕运动的中心。
4. 议员集中举行会议的建筑物。

议院[5]建筑与明治两巨头

半路插手议院建筑建造计划的辰野金吾

作为日本政治中枢的国会议事堂于昭和十一年（1936）竣工。明治十四年（1881）10月12日明治天皇下诏设立国会，而令人意外的是，诏书都颁发了半个多世纪，正式的议事堂才得以建成。

议院建筑（国会议事堂）的建设计划从明治中期就有了。1886年临时建设局设立以来，木造的临时议院前后盖了三次，日俄战争后的1906年才决定修建正式的议事堂。设计者是当时与辰野金吾齐名的明治建筑界巨头——妻木赖黄。设计议院建筑正是妻木多年来的夙愿。但是，这时却半途杀出个程咬金。当时有人提议说："作为日本中枢的国会议事堂极其重要，因此，把它的设计直接交给一个建筑家去做有悖时代潮流，应该采用设计竞赛的形式决定。"而这个提出异议的人，不是别人，正是辰野金吾。

辰野中途插手的原因有二：一是他屡次公开坦言要在建筑生涯里实现三大设计——日银本店、东京站，以及议院建筑；二是出自对妻木赖黄的建筑才能的嫉妒。无论如何，妻木赖黄做梦都想见到的这座议院建筑，终究还是没能在他有生之年完成。妻木逝世20年后的昭和十一年（1936），国会议事堂终于竣工。曾为宿敌的两个人，不知道在云端之上是以什么样的心情眺望着这栋大楼呢？

因设计的坚固程度而得名"辰野坚固"的辰野金吾，也热心于为帝国大学的后辈们传道授业。

---

5. 日本的国家议会，分为参议院和众议院。

名建筑观光指南

01 法务省红砖楼（司法省办公厅）

　　明治十九年（1886），明治政府在与各国就修改不平等条约进行交涉前，就已经以井上馨为中心着手"官厅[6]集中计划"了。当时，为了这个计划案的设计，还把德国人赫尔曼·恩德和威廉·伯克曼也招聘过来。他们所提出的方案规模宏大，仿佛是要把东京打造成另一个巴黎。这个计划最后由于预算不足和井上馨的下台而夭折，最后只建成大审院和司法省两栋建筑。

　　昭和五十一年（1976）最高法院（旧大审院）被拆除，法务省（旧司法省）就变成现存仅有的"官厅集中计划"的遗构了。这栋新巴洛克式的华丽建筑，红砖白石交错的外观视觉效果强烈，虽在"二战"中受到严重损毁，但经过之后的改建和20世纪90年代进行的修复工程，现已恢复到原来的面貌。这栋东京稀有的"明治红砖建筑"的华贵气魄，一定要好好体会一番。

DATA

竣工：1895（1994）/设计：恩德&伯克曼
（改建：建设省）/地址：千代田区霞关1-1-1

本馆后侧向外凸出的半圆形优雅楼梯间是在"二战"后改建中设置的。

中央这栋左右两边有厚重感十足的门廊（有廊柱的大门）。

日本最早的真正的德国巴洛克式建筑。砖石的组合打造出其宽阔的外观。

---

6. 政府机关。

02 国会议事堂

　　建设国会议事堂是明治以来日本举国的夙愿，但是，其正式建造却经历了相当漫长的岁月。前后建造过三次木造的临时议院在大正八年（1919）还举行过设计竞赛，当时获得一等奖的渡边福三的设计方案也未能顺利实施。最终，由大藏省临时议院建设局介入设计实施后，这栋建筑终于在昭和十一年（1936）竣工，但是它的设计与最初的中标方案已经大相径庭了。内外装潢材料均用日本国产，外墙整面采用石板装贴，廊柱庄重威严，还有让人联想到阶梯状金字塔的中央顶部，使建筑整体厚重感十足。另外，建筑内部除高达五层楼的中央广场、两院议场和御休所（天皇的休息场所）外，其他空间倒是出乎意料地简朴，可见在当时，建筑的理性已经开始受到重视了，而这种内外的视觉反差或许正是它的看点吧。

DATA
竣工：1936/设计：临时议院建筑局/地址：千代田区永田町1-7-1

宽敞的中央大厅高达33米。据说可以容纳法隆寺的五重塔。

参议院主会议场。阳光透过天花板的天窗照亮了整个会场。

所有建材均从全国各地搜集而来、花费了15年建造的国政殿堂。

03 日本水准原点标库

　　在日本建筑家设计的西式建筑中，该建筑可说是东京现存最古老的一座了。设计者的佐立七次郎虽与辰野金吾、片山东熊、曾弥达藏同为工部大学校[7]造家学科[8]第一届毕业生，但他的名气却远不如其他三人，留下来的作品也极少。日本水准原点标库和旧日本邮船小樽分店（1906）都是现存非常珍贵的佐立作品。该标库规模虽小，但却展现出罗马·多利克柱式神殿般的厚重感，内部收藏着刻有水准原点的水晶板，现在仍在使用。

DATA
竣工：1891/设计：佐立七次郎/地址：千代田区永田町1-1国会前庭洋式庭

刻有菊花徽章的厚重门扇。里面
收藏着刻有水准原点的水晶板。

虽然不大，却完美表现出罗马神殿样式的比例。

7.明治初期由工部省管辖的教育机构，是现在的东京大学工学部的前身之一。
8.相当于"建筑学科"。

04 日比谷公会堂

　　该建筑是昭和四年（1929）由当时的东京市市长后藤新平提议，安田善次郎捐款建造的。虽然佐藤功一当初在设计竞赛中获得一等奖，但后来由于种种原因，他的设计遭到大幅改动才得以实施。这座基于音响学建造的大礼堂，是继同样出自佐藤功一之手的早稻田大学大隈纪念讲堂（1927/p.196）之后的优秀作品。它出众的音响效果评价颇高，吸引了众多国内外的知名音乐家来此演奏。该建筑现在是一栋综合性设施，公园一侧是公会堂，马路一侧则是东京市政调查会馆。一栋建筑却有形象各异的两种外观，也是十分有趣。

DATA
竣工：1929/设计：佐藤功一/地址：千代田区日比谷公园1-3

外壁的沟纹砖及强调垂直感的新哥特式的组合是昭和初期流行的建筑风格，日比谷公会堂可以说是该风格的代表之作。

05 法曹会馆

该建筑位于法务省旁，建成于昭和十一年（1936），是法律研究无权利能力社团[9]的会馆。它面朝皇居护城河，整体设计都流露着与之相应的静谧感。这栋俱乐部建筑位于大楼林立的官厅街一隅，尖塔设计的屋顶使人心情平静，现在这里也作为婚礼会场使用。

DATA
竣工：1936／设计：三菱地所／地址：千代田区霞关1-1-1

简约的尖塔。

崇尚绘画式氛围的美学概念——如画风格（Picturesque）的骨架通过几何图案重新构建，是古典样式主义向现代主义转变时期的表现。

9.是指与社团法人有同一实质，即多数人为达到一定之共同目的而组织的，但未依法取得法人资格的团体。

06 Felice Garden（日比谷公园事务所）

　　日本第一座西式庭园就在日比谷公园，而竣工于明治四十三年（1910）的这栋建筑，是日比谷公园的管理事务所。设计者是就职于东京市的工程师福田重义。这栋融合了德国山间小屋风格的早期建筑，圆石堆建的石砌部分和配有阳台和窗户的木造部分非常有特色，是明治时期为数不多的珍贵木造西式建筑。

DATA
竣工：1910/设计：福田重义/地址：千代田区日比谷公园1-1

作为日比谷公园的事务所而建，德国山庄风格的设计与绿意盎然的公园融为一体。

07 财务省办公厅（大藏省办公厅）

　　现在仅存的"二战"前国家行政机关建筑。建设工程始于昭和九年（1934），由于战争局势紧张导致建筑材料缺乏，该工程曾经一时中断。之后工程也进展缓慢，直到昭和十八年（1943）才大致完成。"二战"结束后由美军接手，到昭和三十年收回前一直保持原样。昭和三十八年（1963）经过外墙瓷砖装贴等改建工程变成如今的模样。

DATA
竣工：1939/设计：大藏省/地址：千代田区霞关3-1-1

"二战"爆发前建造的六层楼大藏省办公厅，总建筑面积达5600m²，十分壮观。平面图呈"日"字形，面朝樱田路的中央大门有通向中庭的门廊。

御茶水—神保町

OCHANOMIZU·JINBOCHO

昭和初期遗留下来的
风景片段，如今仍随处可见

AREA
6

现在被誉为"学生街""书店街"的御茶水—神保町周边，在江户时代是大名宅邸集中的地区。从万世桥到西侧的一带在东京大空袭中躲过被烧毁的厄运，昭和初期的建筑物如今仍遍布各处。我们可以亲身漫步于这弥漫着浓厚昭和时代气息的街区，感受古今文化的底蕴。

明治30年代的御茶水。当时没有高楼大厦，圣尼古拉大教堂格外醒目。

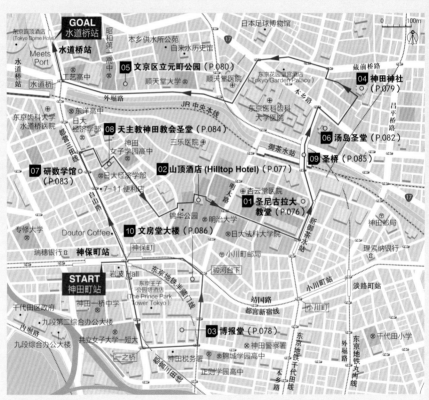

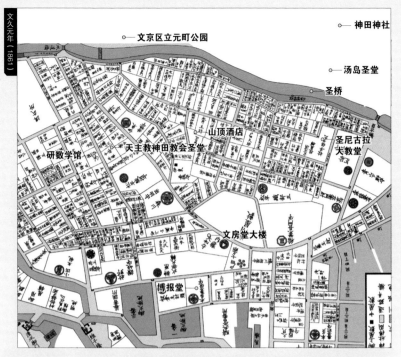

文久元年（1861）

文京区立元町公园 ○——

○——神田神社

○——汤岛圣堂

——圣桥

山顶酒店

圣尼古拉
大教堂

研数学馆

天主教神田教会圣堂

文房堂大楼

博报堂

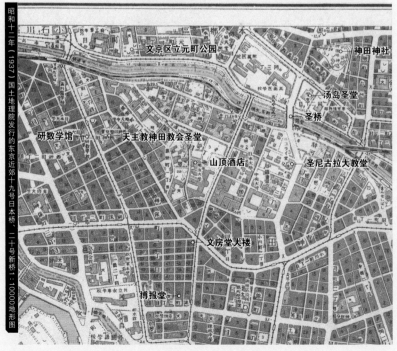

昭和十二年（1937）国土地理院发行的东京近郊十九号日本桥、二十号新桥1∶10000地形图

文京区立元町公园

神田神社

汤岛圣堂

圣桥

研数学馆

天主教神田教会圣堂

山顶酒店

圣尼古拉大教堂

文房堂大楼

博报堂

追溯御茶水—神保町的历史
HISTORY OF OCHANOMIZU·JINBOCHO

大学云集的"日本拉丁区（Quartier Latin）"

　　御茶水一带云集了以明治大学、顺天堂大学、东京医科齿科大学为首的高校、职高和预科学校，是日本最大的学生街。北边有汤岛圣堂和神田明神，南边有圣尼古拉大教堂，中间则有圣桥横跨于神田川之上。沿JR中央线缓缓流淌的神田川及众多宗教设施，使该地区特色鲜明。

　　这片地区原本被称作"神田山"，北侧的本乡台（汤岛台）与南侧的骏河台是连成一线的，但在第二代将军德川秀忠执政期间，为防治水患挖掘了神田川排水渠和江户城的外城护城河，整个地区被隔断，形成今天的中间隔着深河的溪谷地形。据说当时位于北边的高林寺的泉水被用于将军茶会，"御茶水"这个地名因此得来。

　　从御茶水到全国知名的书店街——神田神保町周边，放眼望去全是高校，像中央大学、法政大学、专修大学、日本大学等大学都集中于此，因此人们把这里与巴黎拉丁区[1]相比，称作"日本的拉丁区"。这里以学生为消费对象的二手书店及物美价廉的餐饮店为数众多，形成独特的小巷文化。被称作看板[2]建筑的商店鳞次栉比的街景留有昭和初期的浓厚氛围，但是现在我们只能在被改建为"铅笔大楼"[3]的部分建筑上找找当时的痕迹了。

架设于神田川之上的"御茶水桥"上方是市营电车。时间大约是明治30年代。

---

1. 巴黎著名的学府区。
2. 广告牌、招牌。
3. 和制英语Pencil Building。指的是建于狭小的地皮上的，像铅笔一样又细又高的大楼。

看板建筑

建筑门外汉的店主们修建的商住两用房，感染力魅力十足

在关东大地震的灾后重建过程中，取代传统挑檐结构建筑物的就是"看板建筑"。这类建筑正如它的名字一样，其特征像是一块块广告牌垒起来的平板外观。这是一种商住两用房。看板建筑主要集中于下谷、根岸、神田一带，这些地区都是曾经在地震中化为焦土的"下町"[4]。

看板建筑的设计千差万别，建材也从铜板到瓷砖、砂浆，各式各样。最有意思的就是它的"高度"。本就狭窄的土地又因市政规划被缩减了一成，结果整块地皮上密密麻麻地建起了没有屋檐的楼房。即便如此空间仍然不够，人们就建起了三层小楼。但是，当时木造建筑是不允许建到三楼的，所以人们便宣称三楼的部分只是"阁楼"。行政部门也出于对市民配合市政规划的感谢，对此类建筑睁一只眼闭一只眼。

在灾后重建时期的东京，对建筑设计一窍不通的店主们，其设计风格虽然与建筑家们颇具厚重感的设计相去甚远，但是却用这样简约精巧的建筑打造出了时尚的街景。"二战"后神保町一带也有众多看板建筑保留下来，但是，它们都随着时代的变迁改建为高楼大厦，诉说着当时风貌的建筑便一座座消失在人们的视野里。这些建筑比起任何建筑家的作品，都更有感染力，也更有魅力。

直到十几年前，神保町周边仍能看到许多看板建筑，现在几乎都消失了。

---

4. 工商业区，平民区，是城市城区中地势较低的地区，多为工商业者集中居住的街区。

名建筑观光指南

01 圣尼古拉大教堂

正式名称为"日本基督正教会教团复活大圣堂"。这座日本正教会大教堂，由英国建筑家约西亚·肯德尔经手设计，是采用拜占庭建筑风格的日本保存至今的最古老的建筑。拜占庭式建筑特有的帆拱穹顶（在正方形平面上架设穹顶的结构）彰显教堂的威严庄重。在100多年的历史长河里，这座大教堂一直都是骏河台地区的地标式建筑。大正十二年（1923）发生关东大地震，穹顶和钟塔及部分建筑内部被烧毁，之后经由冈田信一郎设计进行了改建，1992年又启动了修复工程，祭坛和圣像的光辉终于得以复苏。这座教会建筑作为一道街区的风景线屹立至今，其意义尤其重大。

DATA

竣工：1891（1929）/设计：Michael A.Shchurupov（原设计） J.Conder（修复：冈田信一郎）/地址：千代田区神田骏河台4-1

虽然在关东大地震中有所损毁，但经由样式名家的冈田信一郎设计改建，被认为比最初的康德尔的设计更接近拜占庭风格。

02 山顶酒店（旧佐藤新兴生活馆）

　　该建筑现在虽然是一家受到文人墨客青睐的雅致酒店，但最初其实是为让人们对欧美的生活模式有所了解，而修建的一栋有启蒙意义的文化设施。设计者是近江兄弟社的创始人W. M. 沃利斯（William Merrell Vories）。这栋位于山坡上的建筑整体构架采用哥特式，再加上多条纵向线条强调垂直方向的设计，使建筑物显得更为高大。该建筑中央顶部的刻纹设计及门廊一带的装饰等细节都显示出浓厚的装饰艺术风格。正门休息厅等建筑物内部的设计也颇有沃尔斯的风格。

DATA
竣工：1937/设计：W.M.沃尔斯/地址：千代田区神田骏河台1-1

众多文人雅士喜欢来此住宿，
以文化人酒店而闻名。

哥特式+装饰艺术的雅致外观。

03 博报堂

　　该建筑是创建于明治二十八年（1895）的老字号广告代理店——博报堂的本社，是曾设计明治生命馆（p.052）的冈田信一郎的作品，呈现冈田所擅长的古典主义的浓厚氛围。但是，强有力的廊柱柱头的设计却与西洋建筑样式相去甚远，可见冈田尝试脱离古典样式。整体虽然装饰不多，但是塔屋精致的雕刻造型以及壶形装饰等细节的亮点也不少。该建筑曾差点被拆除，但最后决定把包括博报堂本社在内的周围六栋建筑改建成综合性大楼，这项工程预计在2015年3月完工，正大门（主立面）则预计部分复原保留。

DATA
竣工：1930/设计：冈田信一郎/地址：千代田区神田锦町3-22

没有过多装饰的坚实外观。现在处于解体中，预计2015年以保留正面外观的形式重现于世。

正面4根厚重的廊柱并排而立。

04 神田神社

　　昭和九年（1934），作为地震灾后重建的一环，钢骨钢筋混凝土结构的
神田明神（正式名称为神田神社）得以建成。这座神社的楼门及神社大殿的
设计完全承袭了日本传统建筑的精细比例和细节形式，大殿屋顶的大型千鸟
破风（山形墙）无时不彰显着存在感。校仓结构[5]的藏宝库也是看点之一。

DATA
竣工：1934/设计：大江新太郎+佐藤功一/地址：千代田神田外神田2-16-2

1975年为纪念昭和天皇即位
50周年重建的随神门。

神社大殿在关东大地震中被
烧毁，后又重建为钢骨钢筋
混凝土建筑。

---

5. 仓库建筑样式。用三棱木料等横盖成井字形，日本奈良时代盛行。

05 文京区立元町公园

因东京市在关东大地震中受灾严重，因此市政府为确保"防灾、避难用绿地"而建造了"震灾复兴公园"。这座公园就是复兴公园之一，现在还保留了昭和五年（1930）开园时的模样。大门、挡土墙及壁泉巧妙地融为一体的设计堪称杰作，大谷石等建材的使用方式也颇有一番韵味。

DATA
竣工：1930/设计：东京/地址：文京区本乡町1-1

从开园时就有的双道滑梯。滑面由水洗石建造。

装饰艺术风格的复兴公园，因其台地⁶的地形而建成阶梯式。

---

6. 台地是指四周有陡崖的、直立于邻近低地、顶面基本平坦似台状的地貌。

06 汤岛圣堂

　　汤岛圣堂原系德川幕府第五代将军纲吉下令修建的孔庙"大成殿"，后来又成为幕府开设的"昌平坡学问所"。现在的汤岛圣堂是关东大地震之后的昭和十年（1935）重建的钢筋混凝土结构建筑，伊东忠太也参与了设计。伊东制定的重建计划中，描绘了颇具他个人风格的各种装饰，但是，最终这栋建筑还是以宽政年间的建筑为蓝本进行重建。

DATA
竣工：1935/设计：文部省/地址：文京区汤岛1-4-25

屋顶上的鯱[7]。喷水造型设计寄予了人们防火的心愿。

供奉儒教先祖孔子的大成殿。漆黑的外墙与铜绿色的屋顶形成鲜明对比。

7. 一种传说中的日本海兽的名字，传说有避火作用。来源于中国传说中的神兽"螭吻"。

07 研数学馆

　　研数学馆是明治三十年（1897）开设的教授数学的私塾。昭和十六年（1941）成为数理系的旧式职业学校，昭和三十年又成为高考的专业综合预科学校，现在则是以支援理学研究者为目的的一般财团法人。昭和四年竣工的这栋建筑是四层楼的钢筋混凝土结构。强调垂直线的设计颇有哥特式风格，外墙沟纹砖所带来的韵律感则让人感受到昭和初期的氛围。

DATA
竣工：1929/设计：作者不详/地址：千代田区西神町2-8-15

正门部分颇有装饰艺术风格。

被褐色沟纹砖覆盖的外墙是昭和初期流行的建筑风格。

08 天主教神田教会圣堂

　　这座三廊式教堂有着半圆形的拱形窗及屋檐的伦巴第装饰带（Lombard band），俨然是一栋罗马式建筑。以四叶草为主题的外檐和扶壁（支撑墙壁）的设计又是哥特式建筑的要素。设计者是曾经设计过上智大学1号馆等建筑的瑞士建筑家马克思·辛德尔（Max Hinder）。该建筑现已被注册为国家有形文化遗产。

DATA
竣工：1928/设计：马克思·辛德尔/地址：千代田区西神田1-1-12

并排的拱形窗以及伦巴第装饰带的屋檐，是一座美丽的罗马式教堂。

09 圣桥

　　地震灾后重建桥梁之一。画出优雅抛物线的这座拱桥建成于昭和二年
（1927）。设计者是被誉为递信建筑先驱者的现代主义建筑家山田守。这座
桥也无不流露出山田的设计风格。山田在这之后还参与了日本武道馆和京都
塔的设计。

DATA
竣工：1929/设计：山田守+复兴局/地址：文京区汤岛1～千代田区神田骏河台1

这座桥将汤岛教堂和圣尼古拉大教堂连接起来，因此被称为"圣桥"。可以说是雕塑风格表现
派的设计。

10 文房堂大楼

　　该建筑是创立于明治二十年（1987）的老字号美术用品店的本社大楼。它独具匠心的正面外观并不像平板式的"看板建筑"，而是有着雕刻般的立体感。特别是三楼的拱形窗户及装饰艺术风格设计显得十分饱满。该建筑通常被认为竣工于大正十一年（1922），但是，外墙所用的沟纹砖是在弗兰克·劳埃德·赖特（Frank Lloyd Wright）运用于帝国大饭店之后才暴红的建材。帝国大饭店的竣工是在大正十二年，那么该建筑的沟纹砖就应该是在那之后才贴上去的。

DATA

竣工：1922（1990）/设计：手塚龟太郎（佐野晄一）/地址：千代田区神田神保町1-21-1

大正时代的店铺正面外观
在关东大地震中逃过一
劫，现在仍保存完好。

九段
KUDAN
走访皇居里现存的江户城遗构

AREA
7

　　北之丸公园曾经是旧江户城北之丸[1]，本书把环绕这座公园的清水濠、牛之渊、千鸟之渊等内城护城河的周边地区，统称为"九段"。其中，位于皇居东侧的皇居东御苑里还留有江户城的遗构。该区域现在对外开放，我们可以亲临江户城的核心——旧本丸[2]和二之丸[3]，把那雄伟的城郭都尽收眼底。

明治二十六年发行的"东京景色写真版"上刊载的九段坡的面貌。

1. 北边的城郭。
2. 最中心的内城，最后的守城据点。
3. 顾名思义，是"第二重要的城郭"，设在由城外通向中心城郭"内丸"的必经之路上。

AREA 7 九段

087

追溯九段的历史
HISTORY OF KUDAN

与时俱进绚丽多彩的街区

"九段"这个地名，源自"九段屋敷[4]"。所谓"九段屋敷"，指的是沿着上山坡道建造的有九段长屋[5]外墙的幕府专用房。据说当时的九段坡比现在要陡得多，中途还有石梯。到了明治中期，这条路经过改良以便车辆通行，这时还出现了以推大板车[6]上坡为生的"推车人"，从九段下向现在的靖国神社方向推车上坡，一次收取一文钱。

葛饰北斋[7]在浮世绘《九段牛之渊》中把九段坡描绘成极其陡峭的坡道，据说从坡上放眼望去，别说是神田、日本桥、浅草、本所，就连安房和上总的群山也一览无余，是有名的赏月胜地。

明治二年（1869），为安抚戊辰战争中牺牲的战士亡魂，在坡上建立了"东京招魂社"，明治十二年（1879）又改名为"靖国神社"，九段这个地名也被人们用作靖国神社的别称。曾为陡坡的九段坡在东京大地震后经过改造，道路的坡度变得几乎跟现在一样平缓了。

明治十四年（1881）修建完成的靖国神社游就馆（第一代），由意大利人卡佩莱蒂（Giovanni Vincenzo Cappelletti）操刀设计。

---

4. "屋敷"，指宅地或宽阔的宅邸、公馆。
5. "长屋"，指联排房屋，相隔的两家共有墙壁，但各有出入口。
6. 由2至4人拉的大型木制双轮运货车。
7. 日本江户时代的浮世绘画家。

江户城与皇居

随时代变迁频频更名，可谓日本中心的地区

从康正二年（1456）开始，太田道灌[8]花费三年的时间在江户—樱田乡间修建了城池，这就是江户城的起源。后来，这座城成为扇谷上杉氏[9]的居所，再后来又被小田原后北条氏[10]占领。丰臣秀吉攻打小田原北条氏之后，封地原本位于骏河、三河、远江的德川家康又移封至此。德川家康想在这里修建新的城池，于是对江户城前面的地区进行开垦，推平神田山，修建护城河，并划分了平民区和武士区。

江户城作为德川幕府的据点，由本丸、天守阁、二之丸、三之丸，以及红叶山、西之丸、吹上等宫殿和设施构成。江户城曾屡遭火灾，天守阁也前后修建了三次。明历三年（1657）的大火中，第三次建造的天守阁再次被烧毁，之后虽然底座得以重建，但天守阁本身却没有再建了。文久三年（1863），本丸、二之丸和西之丸的宫殿尽数焚毁，之后只有西之丸进行了改建，这样一直持续到明治元年（1868）江户城开城。同年10月，这里成为明治天皇的临时宫殿，因此"江户城"更名为"东京城"。第二年3月更名为"皇城"，开始修建宫殿。到了明治二十一年（1888），再次更名为"宫城"，"二战"后又被称作"皇居"。

明治时期的樱田门。由于关东大地震使部分受损，改建为钢筋骨架的土藏造[11]建筑。是国家指定重要文化遗产。

---

8. 室町时代后期的武将。

9. 室町时代关东地方的上杉氏诸家之一。

10. 后北条氏是日本关东地方的氏族，活跃于日本战国时代，与镰仓时代的执权北条氏（被称为小田原北条氏，原姓伊势）没有直接的血缘关系。

11. 日语为"土藏造り"，指的是像仓库一样四面墙都涂上泥和灰浆的坚固耐火的建筑样式。

名建筑观光指南

01 九段会馆

由帝国在乡军人会设立，旧称"军人会馆"。二二六事件中，戒严司令部曾设立于此。昭和五年（1930）公布的设计竞赛注意事项中，有一条是"建筑样式可随意，但整体外观需具备国粹气质，体现庄严雄伟的特色"。符合该项要求的小野熊武的作品获得一等奖，并由小野和川元良一共同负责设计实施。该建筑采用文艺复兴风格的楼体加上日式的瓦片屋顶的设计，是昭和初期"帝冠式"的代表之作。平成二十三年（2011）3月11日，当时这里正在举行毕业典礼，东日本大地震突然发生，导致部分天花板涂装材料坍塌，造成两人死亡。之后会馆也停止了营业。

DATA
竣工：1934/设计：小野武雄+川元良一/地址：千代田区九段1-6-5

宴会厅被称为"珍珠之间"的美丽窗户，透过窗帘若隐若现。

文艺复兴风格的大楼加上和式风格的屋顶——"帝冠式"在军国主义时代被广泛应用于各地。

02 千代田区立九段小学

　　该小学是关东大地震后修建的复兴小学，它采用的拱形并不是半圆形，而是稍显细长的抛物线拱形（Parabola Arch），它的特色就在于从窗户一直到钟塔塔屋形成连拱的设计。这所复兴小学的设计真可谓独具匠心，魅力无限。

DATA
竣工：1926/设计：东京市/地址：千代田区三番町16

上层并排的拱形窗户韵律感十足，流线形的钟楼美轮美奂。堪称表现主义风格的复兴小学之佳作。

03 靖国神社游就馆

该建筑是设于靖国神社境内的宝物馆（博物馆）。最初的建筑是中世城郭风格，已经在关东大地震中倒塌，昭和六年（1931）得以重建。重建之时，伊东忠太担任顾问进行准备工作，因此细节上流露出伊东特有的风格。

DATA
竣工：1931/设计：陆军省·内藤太郎+柳井八平/地址：千代田区九段北3-1-1

门廊基座的装饰。鬼面盾牌的设计
颇具伊东忠太的风格。

与靖国神社比邻而建，因此外观采用寺院神社的建筑风格。

04 皇居（江户城遗构群）

　　旧江户城的建筑物及土木结构物的遗构，即便历经地震和战争的洗礼，如今仍大量留存于皇居周边。主要建筑包括：天守台所在的本丸遗迹，樱田门、田安门等大门，富士见橹、巽橹等望楼，同心番所[12]、百人番所等岗哨建筑，足见当年江户城规模之壮观。要欣赏这些遗构的话，护城河对岸是个不错的观景地点。另外，皇居东侧有一处特别历史遗迹——"皇居东御苑"，这里曾经是本丸、二之丸和部分三之丸所在的区域，现在除星期一和星期五外，上午9点一下午4点45分（闭馆时间每个季节有所不同）免费对外开放，从大手门、平川门和北桔梗门三处可领票入园，请大家一定要去好好观赏一番。

DATA
竣工：1457（城池修筑）/设计：太田道灌（城主）/地址：千代田区千代田1-1

巽橹。江户城中唯一残留的隅橹[13]，位于巽（东南）的方位因此得名。图片中远处可见富士见橹。

中之门遗迹。江户城内最大的巨石堆砌的城墙，是本丸的入口，曾设有渡橹门[14]。

---

12. 相当于岗哨、哨卡的建筑。
13. 位于城角的望楼。
14. 连接两侧石墙的"橹"，下方的通道则是"渡橹门"。

大番所。穿过中之门就能在本丸的入口处看到，比其他的番所级别高，等级较高的与力、同心¹⁵驻扎于此。

大手门（渡橹门）。江户城的正门，各大名和官员均由此进入三之丸。

---

15. "与力"和"同心"都是江户时代的官职，类似警察的职务。

百人番所。从二之丸进入本丸的重要哨所，由铁炮组同心百人昼夜轮流值守。

天守台（天守阁的底座部分）。上面曾建有五层楼的天守阁，明历大火中被烧毁。此后天守阁并未重建。

富士见橹。明历大火后重建，是本丸建筑中现存的珍贵遗构。

二重桥。位于皇居正门（西之丸）的石砌眼镜桥及里面与之平行的铁桥。二重桥指里面的铁桥，江户时期为木造时代，桥桁[16]架设为上下两层，所以被称为二重桥。

16. 桥梁的骨架式承重结构。

上野
UENO

以"建筑公园"闻名天下的
上野恩赐公园，值得一看的景点众多

　　从1932年竣工的JR上野站的公园出口一出来，你的眼前就会出现广阔的上野恩赐公园。这座公园也被称作"建筑公园"，除了美术馆、博物馆、动物园，还有寺院等。江户、明治、大正、昭和各个时代的象征性建筑都集中于此，其历史价值不言而喻。虽然昔日风景已逐渐褪色，但从"二战"后的黑市发展起来的"糖商小街（美国小街）"¹还是非常值得一逛的。

明治十六年（1883）投入使用的上野站。明治十八年占地237坪的砖砌车站大楼竣工。

1."二战"后形成的商店街，因当时多糖果商店，通称"糖商小街"。

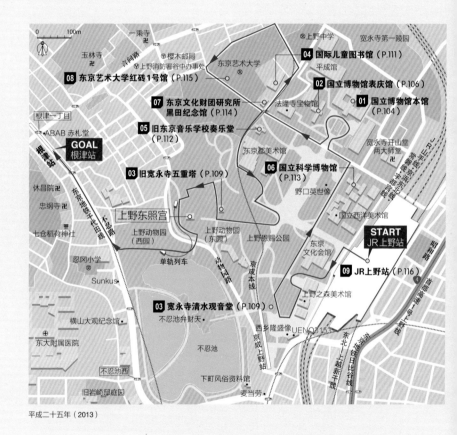

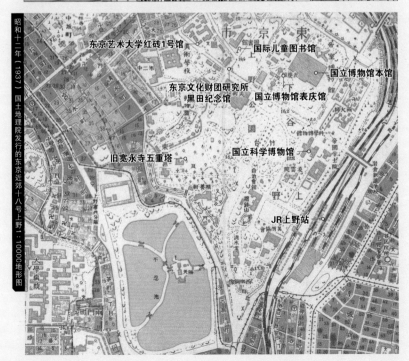

东京艺术大学红砖1号馆

国际儿童图书馆

东京文化财团研究所
黑田纪念馆

国立博物馆本馆

国立博物馆表庆馆

国立科学博物馆

JR上野站

東都下谷絵図

昭和十二年（1937）国土地理院发行的东京近郊十八号上野1：10000地形图

东京艺术大学红砖1号馆

国际儿童图书馆

国立博物馆本馆

东京文化财团研究所
黑田纪念馆

国立博物馆表庆馆

旧宽永寺五重塔

国立科学博物馆

JR上野站

追溯上野的历史
HISTORY OF UENO

德川将军家的菩提寺[2]——宽永寺的"门前町"盛极一时

　　元和八年（1622），德川幕府第二代将军秀忠为建造寺庙，把曾经建有藤堂高虎等[3]三位大名的下屋敷的这块地赐予天台宗的僧侣天海。宽永二年（1625），第三代将军家光执政期间，宽永寺建成。在那之后，宽永寺就成为德川将军家的菩提寺，寺院门前町兴起的上野一带在幕府的保护下盛极一时。但是，在庆应四年（1868），新政府军和幕府的彰义队之间爆发上野战争，宽永寺的主要庙宇也在战争中被烧为灰烬。明治维新之后，寺院境内的土地被新政府没收，改建成上野公园，并在这里开设了日本最早的真正意义上的博物馆，举办了博览会，之后更是陆续开设了动物园、美术馆、音乐学校、美术学校等机构。当时建造的"东京艺术大学红砖1号馆"（1880）等砖砌建筑仍留存至今。宽永寺曾经一度陷入废寺的窘境，之后规模虽有大幅缩减，但在明治八年（1875）本殿得以迁建重生。

　　上野街区得到本质性的发展，是在明治十六年（1883）上野站开始运营之后。上野站作为东北本线的始发站，可以说是东京的北大门。之后又随着常磐线的开通，上野站的客流量更是日益递增。上野站与南边相邻的御徒町之间的高架桥沿线一带，"二战"后作为黑市繁荣一时，现在则是被人们称作"糖商小街"而远近闻名。

于明治三十九年（1906）完工的上野帝国图书馆。这栋雄伟壮丽的建筑作为国际儿童图书馆获得重生。

---

2. 历代先祖的墓设于其中、代代做佛事供养的寺院。

3. 是日本战国时代、安土桃山时代及江户时代的武将和大名。

从圣地到圣地

从作为德川家菩提寺的"圣地"变身为艺术与文化的"圣地"

江户时代的上野之所以特殊，是因为这里建有德川将军家的菩提寺——东叡山宽永寺。宽永寺一带虽是有名的赏花胜地，但是由于这里是设有历代将军墓地的"圣地"，赏花时的歌舞演奏是被严令禁止的。

庆应四年（1868），新政府军和彰义军之间爆发上野战争，宽永寺在战争中被烧毁，旧址也成了上野公园。明治维新后的明治十年（1877），第一届内国劝业博览会就在此召开。同年，现在的国立科学博物馆的前身——教育博物馆则竣工于西四轩寺的遗址（现东京艺术大学的区域）之上。明治十四年（1881），第二届内国劝业博览会召开，竣工不久的上野博物馆（约西亚·肯德尔设计）有部分馆区作为博览会的会场使用。

明治二十二年（1889），东京美术学校迁到了现在的上野校区。第二年，东京音乐学校（包括现在的旧东京音乐学校奏乐堂）的新校舍也在上野公园竣工。之后，上野公园里又陆陆续续地建起了表庆馆（1909）、东京府美术馆（1926）、东京国立博物馆本馆（1938）等美术馆、博物馆。"二战"后，这里又修建了国立西洋美术馆（1959）、东京文化会馆（1961）等设施，上野公园就这样逐渐变为艺术与文化的"圣地"。

从将军家菩提寺的圣地，到艺术与文化的圣地——上野地区从江户到近代，为我们展现了它独一无二的华丽变身。

藤堂高虎在其宅邸内创建的上野东照宫。上野恩赐公园内的神社大殿是由德川家光改建后的建筑，已是国家重要文化遗产。

名建筑观光指南

01 东京国立博物馆本馆（东京帝室博物馆）

混凝土楼体上面搭建瓦片屋顶，这就是所谓的"帝冠式"建筑。昭和五年（1930），在设计竞赛公开招募的阶段就规定："要以日本格调为基调，体现东洋风情。"在众多相同风格的应征方案中，最终"从印度尼西亚的双重屋顶民宅中获得灵感"的渡边仁的设计方案中选。虽然实施方案中有若干修改，比如将屋顶外檐上挑，在停车门廊增设千鸟破风（山形墙），等等。但这栋建筑仍大致按照当初入选的方案进行了修建。整体的比例以及屋顶大小的平衡感，正面外观两端退台式（Set Back）设计，无不彰显名家渡边的手法之精湛。以华丽的门厅为首，内部空间的丰富装潢也是精妙绝伦。该建筑既是渡边的代表之作，也是"帝冠式"建筑的最高杰作。

DATA
竣工：1937/设计：渡边仁+宫内省/地址：台东区上野公园13-9

馆内中央建有大理石楼梯间。

楼梯间的装饰时钟。

昭和初期堪称国粹的"帝冠式"。该建筑作为"帝冠式"代表之作，庄重威严。

02 东京国立博物馆表庆馆

　　明治四十一年（1908）竣工的表庆馆，它的设计出自与辰野金吾等人齐名的"日本最早的建筑家"之一——片山东熊。片山任职于宫内省内匠寮[4]，以东宫御所（迎宾馆赤坂离宫）为首的众多宫廷建筑均出自他手。为纪念大正天皇大婚而建立的表庆馆，可谓明治宫廷建筑之名作，也是片山继帝国奈良博物馆（现奈良国立博物馆）、帝国京都博物馆（现京都国立博物馆）之后的博物馆建筑作品。该建筑巴洛克式的建筑手法随处可见，特别是上面有大圆顶的挑高正面大厅堪称一绝。另外，外墙上方装饰有各式图案的雕刻，去解读这些图案的内容和意义也别有一番乐趣。

DATA
竣工：1908/设计：片山东熊+高山幸次郎/所在：台东区上野公园13-9

两翼小圆顶内优美的楼梯间。

4.宫内省的一个部门，指挥所属工匠修理宫中器物、管理营造的部门，也负责装饰典礼时御座的装饰。

墙壁上的雕刻象征着代表艺术的绘画、乐器及制图的道具。

中央大厅一楼的贝壳状壁龛（墙壁凹进去的部分）。

上方有直径为16.7m大圆顶的外观，是厚重的新巴洛克样式。

圆顶正下方的圆形中央大厅是最大的看点。不会过于华美却有壮丽之感，这个空间的完成度可以称得上是明治建筑的一个制高点。

东叡山宽永寺的开山祖师为天海僧，德川家康亦皈依其门下。庆应四年（1868），这座巨大伽蓝在彰义队的战役中大部分被烧毁。现存的大多数建筑被指定为国家重要文化遗产，分布于上野公园周边。想要把这些建筑都看遍可是相当花时间的，可知当初伽蓝的规模有多宏大。

矗立于现在的上野动物园内的五重塔，宽永十六年（1639）由土井利胜[5]捐款，木匠大师甲良宗广修建而成。只有第五重是铜瓦铺设，其他都是陶瓦铺设，统一采用日式风格，让人感到沉稳和安定。第一层的补间铺作（柱间斗拱）上还能看到十二生肖的雕刻。

檐下角落装饰有龙头。

另外，朱漆的清水堂建立于宽永八年（1631），元禄十三年（1700）被迁至现址。规模虽小，但却仿造京都的清水寺本堂采用了悬建[6]的形式，正面设有舞台。门窗隔扇采用了平安时代贵族住宅"寝殿造"[7]的"蔀户"（可沿水平轴向上打开，由金属吊线固定的窗户），其整体给人一种强烈的古典式佛堂的印象。从该建筑前面的台阶走下来，从下方仰望其悬建式结构，就能获得最佳的观赏效果。

一楼屋檐的驼峰[8]上可以看到与方位相对应的动物雕刻。

DATA 旧宽永寺五重塔
竣工：1631/设计：不详/地址：台东区上野公园1-29

---

5. 侍奉过德川家三代将军，曾任德川幕府的老中和大老。
6. 在山间或河岸、海岸、池畔等处，将建筑物的一部分悬空伸向斜面或水面的建筑方式。
7. 平安时代贵族住宅的建筑结构样式。
8. 用在各梁架之间配合斗拱承托梁桁的构件。

作为都内现存的江户时期的五重塔，十分珍贵。现在是上野动物园园区的一部分。

DATA　宽永寺清水堂
竣工：1639/设计：不详/地址：台东区上野公园9-83

从舞台这边可以看到不忍池的弁天堂。

幕府末期免于上野战争火灾的宽永寺的稀有遗构。

04 国际儿童图书馆

　　该建筑是明治三十九年（1906）建成的旧帝国图书馆（真水英夫·久留正道设计），后又经建筑家安藤忠雄设计改建。在这栋以帝国风格（Style Empire）为基调的历史建筑上采用玻璃箱设计贯穿整体，乍看之下似乎略显粗野。但你一旦亲身造访这栋建筑，就会为它随处可见的魅力空间所折服。古老的建筑外墙被玻璃回廊覆盖，变成内部空间的一部分，可以直接用手触摸。特别值得一提的是它的楼梯，覆盖木质扶手的玻璃扶手，在设计上也考虑到对原有部分的保护。"新"与"旧"相互尊重但又不相互谄媚，两者之间进行着认真较量——这种气魄使它成为现存的近代建筑之杰作。

DATA
竣工：1906（2002）/设计：久留正道+真水英夫　等人（改建：安藤忠雄+日建设计）/地址：台东区上野公园12-49

壁柱的圆形雕饰令人印象深刻，厚重外观体现帝国式建筑风格。

05 旧东京音乐学校奏乐堂

　　该建筑是日本最古老的音乐厅，作为旧东京音乐学校（现东京艺术大学）的讲堂建成于明治二十三年（1890）。这栋木造的两层建筑，其设计出自山口半六和久留正道之手，没有华丽装饰却有质朴之感，正面屋顶中央山形墙上有火焰太鼓、笙、竖琴等乐器的雕刻，展现了作为"音乐殿堂"的传统和格调。

　　20世纪80年代，奏乐堂由于建筑老化面临拆除的危机。但是，艺大出身的芥川也寸志和黛敏郎等多人发起了保留的请愿活动，昭和六十二年（1987）该建筑被迁至台东区现址得以保留。建筑物内部展示着"奏乐堂永存"的联名请愿书，其精神让人为之感叹。

DATA
竣工：1890/（1987）/设计：山口半六+久留正道/
地址：台东区上野公园8-43

大厅的天花板考虑到音响效果，
采用拱顶（vault）设计。

不重华美更倾向于质朴外观的日本最早的音乐厅。

06 国立科学博物馆

　　该建筑从外部看来虽不易被察觉，但从上空俯视会发现其呈现飞机的形状，以挑高的圆顶大厅为中心，两"机翼"为展览室，"机体"到"机尾"则是研究室、讲堂等。该建筑采用古典主义建筑风格，内外的亮点装饰都集中于中央部分。外墙使用表面有刮痕的沟纹砖，营造出昭和初期的浓厚氛围。天花板和墙面采用灰浆涂装和马赛克瓷砖装饰，大厅上方出自小川三知之手的华丽彩绘玻璃窗也是美轮美奂。

DATA
竣工：1931／设计：文部省／地址：台东区上野公园7-20

与外观截然不同，中央大厅是一个像宫殿般华丽的空间。中央下方是小川三知制作的彩绘玻璃窗。

外观虽是古典主义样式，却呈几何结构，给人些许现代主义的印象。

07 东京文化财研究所黑田纪念馆本馆

　　黑田清辉是被誉为"日本近代西洋画之父"的画家，本建筑是根据他"部分遗产用于奖励美术事业"的遗言，于昭和三年（1928）建造的。该建筑当初是帝国美术院附属美术研究所，其设计出自"样式名家"——建筑家冈田信一郎之手。该纪念馆是钢筋混凝土结构的两层楼建筑，外墙整体采用沟纹砖装贴。冈田贯彻了具备展示功能的设施设计，因此建筑整体开口部并不多。虽然仅有中央大门上方的二楼配有颇显气势的爱奥尼亚柱式（特征是旋涡状的柱头装饰）对柱（两根一组的圆柱），但圆柱上也贴满沟纹砖则稍显冗繁。

DATA
竣工：1928/设计：冈田信一郎/地址：台东区上野公园
13-43

带有优美装饰的拱形大门。

二楼爱奥尼亚柱式廊柱排成一列，是严谨的文艺复兴样式。墙上的沟纹砖则流露出昭和初期的时代感。

08 东京艺术大学红砖1号馆 （上野教育博物馆书籍阅览所书籍库）

该建筑建于东京艺术大学音乐系的校区内，是东京最古老的砖砌建筑之一。设计者是曾任工部省技术官员的林忠恕。该建筑自关东大地震后的修补工程以来，很长时间都被认为是砂浆涂装的建筑。但在昭和五十三年（1978）的拆除前调查之时，外墙剥离后露出了英式砌法的红砖墙壁，于是该建筑逃脱了解体危机，被紧急保护起来。有些变形的吹制玻璃，上下推拉窗以及铁制的门扇等设计都使该建筑充满了明治初期的魅力。

DATA
竣工：1880/设计：林忠恕/地址：台东区上野公园12-8

被一层绿植厚厚缠绕的拱形窗。

出自明治初期工部省技术官员林忠恕之手，是他作品中的唯一遗构。

09 JR上野站

　　被称为东京"北大门"的上野站，是日本屈指可数的现代主义风格的车站建筑。明治十六年（1883）竣工的第一代车站大楼在关东大地震中被烧为一片灰烬，第二代车站大楼则是昭和七年（1932）重新修建的，设计由以酒见佐市为中心的铁道省精英集团担任。说起昭和初期，便会想起地铁飞驰于银座—上野之间，"潮男潮女"尽情享受"银座漫步"的时代。聚集了众多时尚人士的上野站也把排斥装饰的现代主义设计表现得淋漓尽致。现代感十足的外观，入站口和出站口上下分离的立体规划，以及挑高的天花板和宽阔的内部空间等设计都颇受好评，不愧为车站建筑的名作。

DATA
竣工：1932/设计：铁道省/地址：台东区上野7-1-1

上野站作为大型箱形建筑和车站之典范，给之后的车站建筑带来了巨大影响。近年来站内翻新，许多餐馆与商铺入驻，每天人来人往，十分热闹。

本乡
HONGO
以东京大学为代表的日本
屈指可数的文教区

　　本乡地区内有众多景点，如东京大学、旧岩崎家住宅、根津神社，等等。曾建有加贺藩上屋敷的东京大学校区内还留有赤门及三四郎池等藩邸时代的建筑，与散发着近代学术和文化气息的建筑群形成鲜明对比，十分有趣。明治以后，有众多著名文人居住于此，本乡也因此而远近闻名。

明治时期，文艺复兴样式的校舍林立的东京帝国大学的广阔校园。

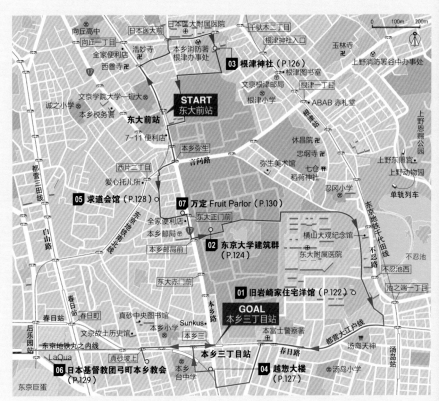

平成二十五年（2013）

文久元年（1861）

根津神社

求道会馆

万定Fruit Parlor ——

○ ——东京大学建筑群

加賀屋敷跡

日本基督教团弓町本乡教会

旧岩崎家住宅洋馆

越惣大楼

昭和十二年（1937）国土地理院发行的东京近郊十八号上野1：10000地形图

根津神社 ○——

求道会馆 ○

万定Fruit Parlor ——

○ ——东京大学建筑群

旧岩崎家住宅洋馆

日本基督教团弓町本乡教会 ——

越惣大楼 ——

追溯本乡的历史
HISTORY OF HONGO

文人雅士也钟爱的小巷漫步

明治九年（1876）东京医学校迁校至此，于1877年与东京开成学校合并，日本最早的近代综合大学——东京大学就此诞生。明治十九年（1886），根据帝国大学令更名为"帝国大学"后，又整合了法学校、农林学校等众多学校，占地广阔的校园内一座座校舍大楼拔地而起。而约西亚·肯德尔所执教的，培养出辰野金吾等最早的日本建筑家的工部大学校，也被合并成为帝国大学工科大学。明治三十年（1897），由于京都帝国大学的设立，"帝国大学"又更名为"东京帝国大学"。自此以后，本乡地区就作为日本国内首屈一指的文教区发展至今。

谈到本乡地区遗留下来的历史建筑，不得不说的就是旧岩崎家住宅。1878年三菱财阀创始人岩崎弥太郎买下旧舞鹤藩主的宅地，现存的洋馆、和馆大厅等则是由第三代财阀岩崎久弥修建的。洋馆和台球室的设计出自约西亚·肯德尔之手，该建筑在现存的肯德尔设计的宅邸当中也是最古老的一座。

从明治到昭和，夏目漱石、坪内逍遥、正冈子规、二叶亭四迷、樋口一叶、石川啄木等众多文人雅士都曾定居本乡，我们如今依然能在小巷或石梯的角落找到他们的足迹。

明治三十三年（1900）出版的《日本的名胜》中刊载的东京帝国大学的木造大门。

约西亚·肯德尔

受明治政府所托，25岁来到日本，肩负两大使命的英国建筑家

约西亚·肯德尔1852年出生于英国伦敦，曾在南肯辛顿美术学校及伦敦大学学习建筑学，明治十年（1877）踏上了日本的国土。明治政府托付于肯德尔的使命有两个：其一是在日本设计并建造出真正的西洋式建筑；其二是培养日本建筑家。

肯德尔来到日本以后，立即成为工部大学校造家学科（现在的东京大学工学部建筑学科）的教师，他在致力于培养辰野金吾等日本建筑家的同时，自己也积极地从事建筑家的设计工作。据说肯德尔在日本所设计的建筑作品超过了100件。现存最古老的肯德尔作品就是旧岩崎家住宅洋馆（1896），其他还有纲町三井俱乐部（1913/p.206）、清泉女子大学本馆（1915/p.232）等，这些作品几乎都建于东京都内。

肯德尔所擅长的宅邸建筑有一个共同的特征，就是在一、二楼设计朝向南侧庭园的阳台。肯德尔认为：在高温潮湿的日本，需要有阳台作为中间区域避免阳光直射。这个理念一直贯穿至他的晚年作品——岛津邸。肯德尔来日本之前就已对日本风土文化颇有造诣，也可以说是他独有的坚持吧。

明治二十二年（1889）建造于江东区都立清澄庭园的深川岩崎邸，也是肯德尔设计的洋馆作品。

名建筑观光指南

01 旧岩崎家住宅洋馆

　　从旧岩崎邸庭园东南侧的正门进入，沿着缓坡上行，来到小路尽头往左一拐，装饰着岩崎家家纹"三阶菱"的美丽"袖塀"[1]便映入眼帘。同时，旧岩崎邸洋馆也显露出了它的身姿。旧岩崎邸洋馆的北面外观呈现左右不对称的造型，角圆顶的塔屋显出哥特式建筑的特色。停车门廊的对柱（两根一组的设计）仿佛邀请着客人们进入这栋建筑物的内部。该建筑的第一大看点便是楼梯间。以往的日本建筑中，楼梯都被设置在不起眼的地方，而肯德尔则把楼梯设置在建筑物的中心，制造出极具张力的视觉效果。其中，旧岩崎邸洋馆的楼梯间以梁柱下方的皮带纹（Strap Work）装饰为首，整体充满着詹姆斯一世（Jacobean）风格的丰润感，在现存的肯德尔作品中也是最为华丽的。再顺路去往二楼，从集会室来到第二大看点——阳台。考虑到日本高温潮湿的气候，肯德尔一生都钟爱并采用阳台设计，力图设计营造出一个具有他特色的舒适空间，这大概是因为肯德尔不仅日本文化造诣精深，与日本女子共结连理，最后还在日本这片土地上度过一生的缘故吧。让我们再下到一楼欣赏一下第三大看点的女士客房。带有花瓣圆拱的墙角隔扇屏风（Corner Screen），天花板的波斯刺绣，壁炉的葱形拱（Ogee Arch）设计，等等。整个空间都洋溢着浓厚的伊斯兰风情，在洋馆中存在感也是相当强烈的。此外，一楼阳台地板所铺的英国明顿（Minton）公司制造的马赛克瓷砖，二楼客房墙面所贴的金唐革纸[2]，每个房间都不尽相同的壁炉设计和地板的木板拼接方式……这些细节也值得细细品味一番。

DATA
竣工：1896/设计：约西亚·肯德尔/地址：台东区池之端1-3-45旧岩崎邸庭园

北侧二楼楼梯间的外墙。

---

1. 大门或建筑物两侧设置的矮墙。
2. 高级和纸制作的凹凸纹理的金箔壁纸。

位于馆内中心的、富有戏剧性视觉效果的楼梯间。

一楼阳台地板铺的是英国明顿公司制造的马赛克瓷砖。

肯德尔的宅邸设计之代表作。以17世纪初英国流行的詹姆斯一世样式为基调，加以伊斯兰风格装饰，充满着优雅的异国情调。

02 东京大学建筑群

明治九年（1876）建于原加贺藩上屋敷遗址之上的东大校园，有"三四郎池"和"赤门"等众多景点，可谓日本大学校园的代名词。其中，赤门原为加贺藩上屋敷的御守殿门。文政十年（1827），德川幕府第十一代将军家齐的第33个孩子溶姬嫁给第十二代藩主前田齐广的嫡子（之后的第十三代藩主齐泰）之时，遵从与将军子女结亲时的惯例，修建了这座朱漆大门。赤门现在的位置几乎没有变动，是唯一一处建造年代明确的大名屋敷遗构。校园内的校舍建筑群中，除了伊东忠太设计的正门及门卫所[3]（1912），几乎都是出自内田祥三之手的"二战"前建筑，以哥特式为基调的设计及红砖的建材质感完美地融为一体。校园的核心自然是俗称"安田讲堂"的大礼堂（大正十四年，1925），该建筑从两端向中间逐级升高的造型正是典型的哥特式特色。从正门通往礼堂有一条笔直的银杏树林荫路，也是别有一番美感。

DATA
竣工：1925（大礼堂）等/设计：内田祥三等/地址：文京区本乡7-3-1

正门两侧的门卫所。砖造日式风格。

正门于明治四十五年（1912）建成，中央门楣可见云彩形状的日式设计。设计者为伊东忠太。

---

3. 相当于警卫室、门房的建筑。

赤门是加贺前田藩时
代的遗构。文政十年
（1827）为了迎接
将军家来的花轿而
建造。

大正五年（1916）建
造的理学部化学馆。
是本乡校区中现存最
古老的校舍。

作为东大象征的安田
讲堂于大正十四年
（1925）竣工。强
调垂直感的新哥特式
风格。

03 根津神社

　　根津神社位于被上野台地和本乡台地所包围的不忍谷的一角，曾被称为"根津权现"，相传是1900多年前由日本武尊创建的古老神社。现在的神社大殿是宝永三年（1706）从驹込千驮木的旧址迁建而来。朱漆的楼门是第一个看点。在两层楼建筑的大门中，采用双重屋顶的叫作"二重门"，上层屋顶下层挑檐的则被称为"楼门"。根津神社是后者。神社大殿由前往后分别是拜殿、币殿和本殿，呈"工"字形分布，这种建筑样式叫作"权限造"，色彩极其丰富的装饰充分表现出近世神社建筑的特色。

DATA
竣工：1706/设计：不详/地址：文京区根津1-28-9

神桥和楼门。

拜殿柱子上光彩炫目的木鼻雕刻。

拜殿。全部涂朱漆的权现造样式，规模最大的江户神社建筑。

04 越惣大楼

　　该建筑是以楼主"越前屋惣兵衛"的名字命名的，最初是一家经营丝线的店铺，建成于大正十三年（1924）。大楼的转角部分采用弧形处理，上方呈塔屋状凸出，这种设计颇具个性，挑檐的齿状装饰（Dentil）也为外观增色不少。近年来，入住的设计师们成为核心力量，正在对这栋建筑进行设计改建。

DATA
竣工：1924/设计：不详/地址：文京区本乡2-39-7

现存稀有的"二战"前中等规模商业大楼之佳作。

05 求道会馆

　　该建筑是大正四年（1915），由净土真宗大谷派的僧侣近角常观主持修建的。设计者是建筑家武田五一，主要活跃于京都等地，被誉为"关西建筑界之父"。武田五一率先引入分离派和新艺术派（法Art Nouveau），追求愉悦的视觉效果，该建筑其个性的外观设计像是拒绝被归类一般，具有明显的武田风格。四根钢筋水泥结构的柱子，其造型脱离了源自希腊·罗马神殿的西洋建筑古典样式，非常惊艳。进入会馆内，则会看到里面中央的六角堂，供奉着本尊佛像。浓厚的和洋折中式建筑风格，展露出武田作品强烈的共通性。

DATA
竣工：1915/设计：武田五一/地址：文京区本乡6-20-5

让人感受到设计者武田五一个性的独特外观。

06 日本基督教团弓町本乡教会

　　该建筑建于明治十九年（1886），是新教徒的联合教会，大正十五年（1926）又重新修建。该建筑是中村镇首创的"镇Block"式（中村式钢筋混凝土块结构）建筑风格的代表作。礼拜堂分为两层，内部的彩绘玻璃窗以及对称设置的管风琴，还有厚重感十足的讲坛等设计，具备教会功能的同时又不失美感。

DATA
竣工：1926/设计：中村镇/地址：文京区本乡2-35-14

由设计者首创的混凝土块建造的教会，十分稀有。

07 万定 Fruit Parlor

　　这家创立于昭和三年（1928）的Fruit Parlor，深受东大学子的青睐。充满活力的水泥装饰营造出复古情调，不管是店内还是店外都流露着昭和初期的风情。店内的墙壁等处仍保留着当时的原貌，据说从昭和九年开始用的美国NCR制收银机如今仍在使用中。除了有名的咖喱饭，创业之初就有的天然手榨果汁也是人气商品。

DATA
竣工：1928/设计：不详/地址：文京区本乡6-17-1

正面外观有种灾后
临时建筑的风格，
体现怀旧风情。

音羽—杂司谷

OTOWA · ZOSHIGAYA

远离都市喧嚣，绿意盎然的住宅区

　　"音羽—杂司谷"北邻池袋，西邻目白，东邻大塚，南邻早稻田，相较之下给人一种朴实的印象。该区位于武藏野台地东侧的关口台地，境内有杂司谷陵园、小石川植物园、护国寺等，是植被覆盖率很高的地区。高低起伏的丘陵地形，形成远离都市喧嚣的环境，悠闲安静，因此自古以来就有许多宅院建于此地，十分有名。

明治十一年（1878）建成的椿山庄，是山县有朋的庄园。

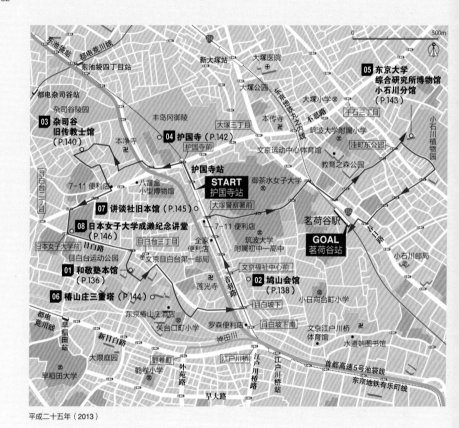

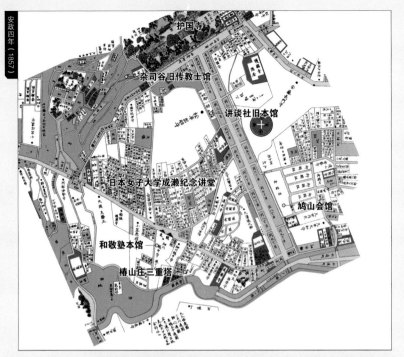

安政四年（1857）

护国寺

杂司谷旧传教士馆

讲谈社旧本馆

日本女子大学成濑纪念讲堂

鸠山会馆

和敬塾本馆

椿山庄三重塔

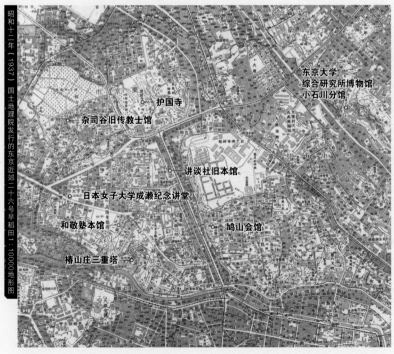

昭和十二年（1937）国土地理院发行的东京近郊二十六号早稻田1∶10000地形图

东京大学
综合研究所博物馆
小石川分馆

护国寺

杂司谷旧传教士馆

讲谈社旧本馆

日本女子大学成濑纪念讲堂

和敬塾本馆

鸠山会馆

椿山庄三重塔

追溯音羽—杂司谷的历史

HISTORY OF OTOWA · ZOSHIGAYA

南面斜坡遍布政治家庄园

　　天和元年（1681），德川幕府第五代将军纲吉为自己母亲桂昌院修建祈愿寺，也就是护国寺，这一带在元禄十年（1697）便成为护国寺的领地。之后，这片地上虽然建起了不少商铺，但是由于北丰岛郡杂司谷村位于江户北面，人流量稀少，护国寺周边的城镇也未能走向繁荣。

　　然而，由于神田川常年对周边的侵蚀，形成峭壁般的地形，大自然在南面创造出斜坡的这片丘陵地区，吸引了明治的元勋——山县有朋的目光。山县痴迷于建宅修院的喜好也相当有名，他一生中建造了为数众多的宅邸和庭园。明治十一年（1878），山县买下了曾建有久留里藩黑田氏下屋敷的这片土地，并在这块宽广的地皮上建起了庄园，命名为"椿山庄"。这片优美的庄园，与京都的无邻庵、小田原的古稀庵同为山县所有，并称"山县三名园"。

　　由样式建筑天才冈田信一郎设计并竣工于大正十三年（1924）的鸠山会馆，以及细川护立于大正十三年（1936）修建的细川侯爵家主宅——和敬塾本馆等建筑，都是之后权威政治家们在这片山丘上修建的宅邸。值得高兴的是，这些建筑基本都对外开放，大家不妨前去感受一下这些豪宅的惊人魅力。

明治时代的护国寺。该寺的巨大屋顶为近世佛堂的特征，如今仍保存完好。

友情的纪念碑——鸠山会馆的彩绘玻璃窗

样式主义者对宿命的暗喻，寄托于彩绘玻璃窗的情怀

　　鸠山会馆设有好几处彩绘玻璃窗，其中，最吸引人的也许就是正门上方和楼梯间的玻璃窗了吧。这两处玻璃窗由名家小川三知（1867—1928）制作，他是日本最早期的彩绘玻璃大师。大门上方的图案是古典主义建筑的爱奥尼亚柱式圆柱加上鸽子，楼梯间则是五重塔（或三重塔）和鸽子的搭配，可见冈田信一郎把对鸠山邸的精妙构思都灌注到了这两处彩绘玻璃窗上。换言之就是：爱奥尼亚柱式圆柱＋五重塔＝建筑样式＝冈田信一郎；鸽子[1]＝自由＝鸠山一郎。

　　著名建筑家冈田信一郎向来被冠以"样式建筑达人""样式建筑名家""样式建筑鬼才"等多个称号，虽然表达略有差异，但都在描述他是一位擅长各种建筑样式的才子。但从另一方面来讲，在他的作品里是很难看到自由性和独创性的。即便是他的遗作——明治生命馆，也是一栋接近完美的古典主义建筑，想要找出具有冈田自己风格的东西实属不易。但是，鸠山邸则不同，充满着自由、愉悦和解放感。这两扇彩绘玻璃窗不仅象征着两人恒久不变的友情，也寄托了片冈冲破形式的束缚，借这座宅院所享受的片刻自由，更是暗喻着他至死都逃脱不了样式主义者的宿命。

鸠山会馆的楼梯平台上，描绘着五重塔和鸽子的彩绘玻璃窗。

---

1. "鸠山"这个姓氏中的"鸠"，在日语中就是鸽子的意思。

名建筑观光指南

01 和敬塾本馆

　　该建筑是细川家第16代当家细川护立的宅邸。面向庭院的南侧，可见由粗石堆砌的围墙和圆筒形日光浴室，钢筋混凝土结构的时尚白墙很是吸人眼球。该建筑整体采用左右不对称的造型，东侧墙壁采用三层错层渐进的设计，每层都设有山墙。西侧的圆筒和东侧的渐进错层式墙壁，通过山墙形成一种巧妙的平衡，这种外观设计可见是经过深思熟虑后的结果。从北侧的大门进入大厅，面前是卍字格栏杆和禅宗寺院风格的柱子，与建筑外观的西洋风格迥然不同的日式风情真是让人颇感意外。用于吸烟室的"鱼之间"正如其名，天花板的边缘一圈装饰有渔网的"浮子"（实物）。位于一楼东边的"栗之间"则是充分运用了栗木板营造出一个治愈的空间。二楼的"竹之间"是夫人的房间，也是最大的看点。从壁龛的立柱到拉帘，甚至是天花板的编制工艺和下半部的墙壁，都是采用竹子的材料再进行各种加工和上色，简直就是千变万化的"竹子盛宴"。建筑外观的现代感以及内部空间千变万化的奇妙构思，再加上匠人的精湛手艺和主人自身的修建嗜好，集如此众多的要素于一身的宅邸建筑，恐怕全日本都找不到第二座了吧。

DATA
竣工：1936/设计：大森茂+臼井弥枝/地址：文京区目白台1-21-2

与一楼客房相邻的日光浴室。　　楼梯间。扶手和窗格可见卍字格的设计。

入户大厅是和洋折中式，寺院样式的柱子和栏杆将空间巧妙地分隔开。

二楼沙龙的西班牙式栗木螺旋柱非常引人注目。

时尚的外观表现出简约的都铎·哥特式风格。

02 鸠山会馆（鸠山一郎府邸）

　　鸠山家族于明治二十四年（1891）在东京音羽地区修建了这座宅邸。现在的洋馆，是之后当上总理大臣的鸠山一郎在他40岁的时候，也就是大正十三年（1924）修建的。设计出自冈田信一郎之手，从上旧制中学开始冈田和鸠山就一直是挚友。钢筋混凝土的主体再贴上红砖和石块构成这栋建筑的外观，北侧内大门的柱廊采用托斯卡纳式的对柱支撑，表现出古典主义的构思。西侧大门的停车门廊则是半圆拱加肋架拱顶的罗马式。两种不同的建筑样式被巧妙地运用到两个入口上，这大概是只有"样式名家"冈田信一郎才会想到的吧。建筑内部最大的看点就是一楼，沿着楼梯跟前的大厅分别设置有三个风格迥异的房间，但把隔板一拆这三个房间就连成一个整体，包括日光浴室和院子，可见设计者是想把日本传统建筑的"开放性"融入洋馆之中吧。餐厅的暖气片上还设置了食物保温器，这些随处可见的贴心设计可见其用心良苦。

DATA
竣工：1924/设计：冈田信一郎/地址：文京区音羽1-7-1

英国乡间别墅（Country House）风格的雅致外观。

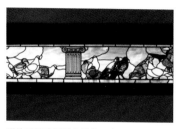

彩绘玻璃窗的图案以鸽子为主题，该灵感来自鸠山的姓氏。

屋顶上有一个猫头鹰雕像。

入口门廊上房也有一个展翅飞翔的鸽子雕像。

03 杂司谷旧传教士馆（旧麦凯莱布府邸）

　　美国传教士J. M. 麦凯莱布（John Moody McCaleb）明治二十五年（1912）来到日本，并于明治四十年（1907）修建了这栋楼，既用于开办杂司谷学校，又是麦凯莱布的住所。现在普遍认为该建筑的设计者就是麦凯莱布。这栋两层的木造建筑外墙采用白漆涂装的鱼鳞板，正面的山形屋顶和下方的半圆形拱窗，则使整体的简约外观透露出一丝独特之感。内部的装饰也十分朴素，一楼客厅壁炉的木质外框格调高雅，里面还贴有新艺术派风格的瓷砖，值得一看。麦凯莱布离开日本以后，该建筑长期为私人所有，曾面临被拆除的危机，昭和五十七年（1982）由丰岛区出面买下才得以保留。

DATA
竣工：1907/设计：J. M. 麦凯莱布/地址：丰岛区杂司谷1-25-5

一楼餐厅的天花板是日本传统的方格藻井式吊顶。

二楼的楼梯间。窗格的设计细腻优美。

独立住宅（Single Style）的建筑外观，常见于19世纪的北美郊外住宅。

04 护国寺

正殿（观音堂）那两端上翘的巨大屋顶有江户时代的佛堂风格，该建筑现已被指定为日本国家重要文化遗产。护国寺的重要文化遗产不止观音堂，还有昭和三年（1928）从滋贺县的三井寺（园城寺）迁建过来的月光殿。明治以后，护国寺与德川家再无关联，因此这里也建有普通民众的墓地。山县有朋、大隈重信、约西亚·肯德尔都长眠于此。

DATA
竣工：1697/设计：不详/地址：
文京区大塚5-40-1

墓园中，近代建筑之父约西亚·肯德尔及其夫人的墓。

凝聚了元禄时代的建筑、工艺之精华的正殿。

东京大学综合研究博物馆小石川分馆（东京医学校本馆）

　　这是东京大学建筑群中，现存最古老的一栋建筑，建于东京大学的前身——东京医学校时期的明治九年（1876），地址位于现在的本乡校区龙冈门附近。明治四十四年（1911），规模被缩小且迁至赤门旁边，昭和四十四年（1969）又迁到现在的地址。最后一次拆建中，建造了如今屋顶上的小塔和两处千鸟破风。虽说现在的建筑与最初竣工时相比有几处改动，但和洋折中式特征仍然明显，是明治时期的仿西式建筑中，东京现存的稀有遗构。同时期建造的庆应义塾三田演说馆也是非常珍贵的建筑。

DATA
竣工：1876（1933）/设计：工部省/地址：文京区白山3-7-1小石川植物园

东京最古老的西洋馆，门廊的阳台部分带有传统的"拟宝珠"[2]装饰的栏杆。

---

2. 栏杆两端的大柱上的宝珠形装饰。

06 椿山庄三重塔

　　该塔原本建于广岛县贺茂郡的竹林寺，大正十四年（1925）迁至椿山庄（藤田平太郎男爵府邸）。从建筑方法和细节样式可以推测出是室町幕府时期的作品。该建筑以日式风格为基调，每个部分又加入禅宗的要素。常用于正殿的设计，比如三踩斗拱以及"本繁割"[3]平行椽子构成的屋檐也是精美无比。平成二十二年（2012）进行了迁建后的首次大改建，并重新供奉了观世音菩萨像。该建筑与庭园浑然一体，十分优美。

DATA
竣工：1925（迁建）/设计：不详/地址：文京区关口2-10-8东京椿山庄酒店

据说建于室町末期，因此可以说是23区中最古老的建筑物。

---

3. 一种椽子排列方式，间隙较小。

07 讲谈社旧本馆

　　该建筑中央正大门有排列着对柱的柱廊，古典主义样式非常明显。大门上方的三个露台并不以实用为目的，而是出于外观设计上的考虑，使造型的重点都集中在建筑部中央的一点。除中央部分以外，其他部分没有任何装饰，大型窗户的合理设计可以说是"二战"前设计的一大特色。

DATA

竣工：1933/设计：曾祢中条建筑事务所（高松政雄）/地址：文京区音羽2-12-21

"二战"前具有代表性的大型建筑事务所——曾祢中条建筑事务所设计的办公大楼杰作。入口处并排的柱子无比威严。

AREA 10　音羽—杂司谷

08 日本女子大学成濑纪念讲堂（丰明图书馆兼礼堂）

　　该建筑的外墙原为红砖墙，后来在地震中损毁严重被全部拆除，重建为木造墙体。所幸在地震中该建筑并未完全损毁，内部仍保留和使用了创建时的构件材料，木造的桁架（Truss）和彩绘玻璃窗也保持了原貌，是一座会让人联想到欧洲教堂的正宗西式建筑。

DATA
竣工：1906/设计：北村耕造/地址：文京区目白台2-8-1

创建当初是红砖，由于地震中损毁严重，修复为木造外墙。

目白

MEJIRO

学习院大学所在的
文教·住宅区，悠闲安静

目白地区以学习院大学和德川黎明会为代表，独创性的西洋建筑遍布各处，整体散发着高雅的格调。这里在明治以前都是一片恬静的郊外风光，连尾张屋版的局部图都没有。最早让人产生高级住宅区印象的"目白文化村"就坐落于更西侧的中落合[1]一带。

大正十四年（1925）左右的立教大学。大门的照明灯具有时代气息。

---

1. 东京都新宿区的町名。

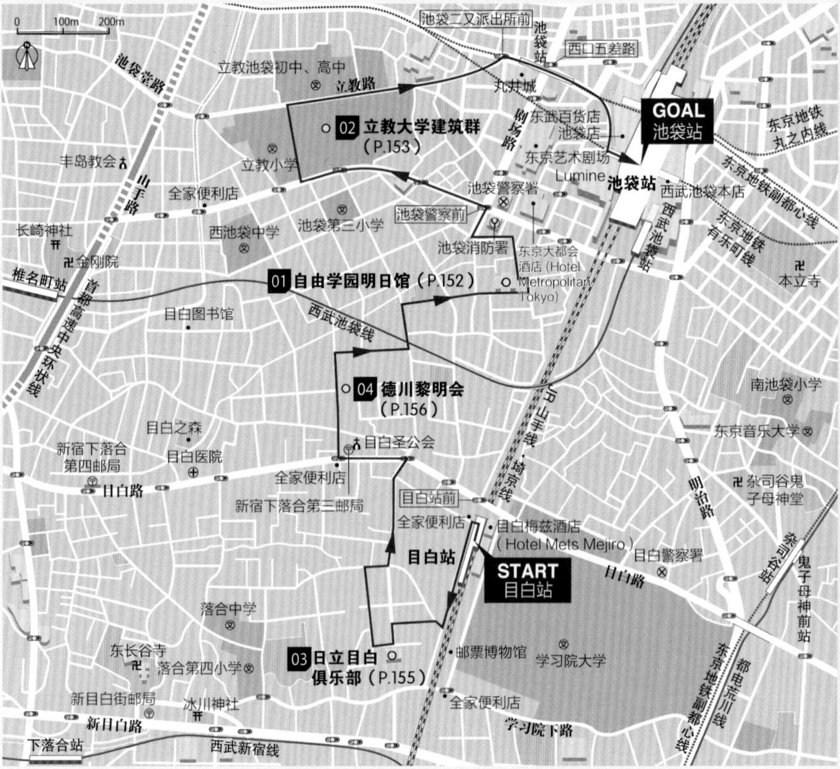
0
100m
200m
池袋二叉派出所前
池袋站
西口五差路
池袋堂路
立教池袋初中、高中
立教路
丸井城
GOAL
池袋站
东京地铁
丸之内线
02 立教大学建筑群
(P.153)
剧场路
东武百货店
池袋店
丰岛教会
立教小学
东京艺术剧场
Lumine
池袋站
山手路
全家便利店
池袋警察署
西武池袋本店
东京地铁副都心线
长崎神社
西池袋中学
池袋第三小学
池袋警察前
西武池袋线
东京地铁
有乐町线
金刚院
池袋消防署
东京大都会
酒店(Hotel
Metropolitan
Tokyo)
椎名町站
首都高速中央环状线
01 自由学园明日馆(P.152)
本立寺
目白图书馆
西武池袋线
04 德川黎明会
(P.156)
JR山手线
南池袋小学
目白之森
东京音乐大学
新宿下落合
第四邮局
目白医院
目白圣公会
琦京线
目白路
全家便利店
杂司谷鬼
子母神堂
新宿下落合第三邮局
明治路
目白站前
全家便利店
目白梅兹酒店
(Hotel Mets Mejiro)
目白站
目白警察署
START
目白站
目白路
杂司谷站
鬼子母神前站
落合中学
东长谷寺
落合第四小学
03 日立目白
俱乐部(P.155)
邮票博物馆
学习院大学
东京地铁副都心线
都电荒川线
新目白街邮局
冰川神社
全家便利店
新目白路
学习院下路
下落合站
西武新宿线
平成二十五年（2013）

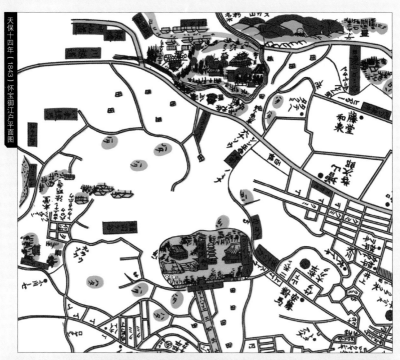

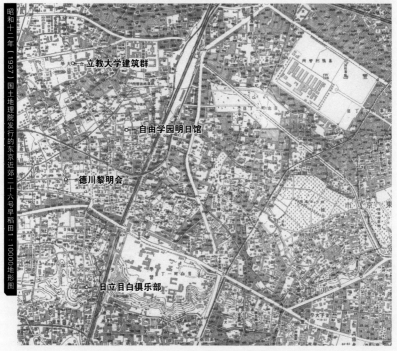

昭和十二年（1937）国土地理院发行的东京近郊二十六号早稻田1：10000地形图

○ 立教大学建筑群

○ 自由学园明日馆

○ 德川黎明会

○ 日立目白俱乐部

追溯目白的历史
HISTORY OF MEJIRO

影响文化发展的"目白文化村"

目白地区曾建有尾张德川家藩邸，明治维新以后则建起了华族[2]大宅，该地区便逐渐成为高级住宅区。大正十一年（1922），西武集团创始人——堤康次郎所经营的箱根土地[3]打造了"目白文化村"并开始出售。当时，介绍最新生活方式的住宅展示会场"文化村"[4]成为人们热议的话题，"目白文化村"便是效仿"文化村"命名的。高级官员以及一流企业的干部、学者、画家等所谓的中流以上阶层纷纷来此定居，西洋风格的豪宅接连拔地而起。堤康次郎一开始从当地的大地主手中买下了大片土地，此后更是把周围的地皮都收入囊

中。在当时的东京"地皮热"的背景下，"文化村"前后开发了五期，销售异常火热。相较于同时期开发的仿造巴黎街道打造的田园调布，目白则是以洛杉矶的比弗利山庄（Beverly Hills）为模型。曾经是东京郊外的中落合的山坡上，西洋风格的建筑一座接着一座，不知道当时的日本人看到此番情景作何感想呢？

受到目白文化村的影响，目白至池袋一带吸引了众多文人来此居住，逐渐形成"落合文人村""长崎工作室（法atelier）村"等郊外住宅群。这些小规模的艺术家村落让人联想到巴黎的艺术中心蒙帕纳斯，人们便把这里称作"池袋蒙帕纳斯"。

到明治为止，北丰岛郡一直是东京郊外。该照片是杂司谷鬼子母神境内的林荫路。

---

2. 日本旧宪法中位于皇族以下，士族以上，享有贵族待遇的特权身份。

3. 大正到昭和战前的一家不动产公司，西武集团的核心企业之一。

4. 1922年4月到7月，为纪念"一战"结束，在东京上野举行了和平纪念东京博览会，"文化村"指的是当时的实物住宅展示会场。

弗兰克·劳埃德·赖特与日本

给日本建筑家带来巨大冲击，未知建筑表现的实践者

　　说到美国建筑巨匠F.L.赖特在日本留下的建筑作品，大家都会想到帝国大饭店（1922）吧。当时，赖特由于绯闻缠身（他恐怕是建筑史上最厉害的花花公子了）丢了饭碗，穷困潦倒。此时，帝国大饭店的经理林爱作委托他设计新馆。这份工作对赖特来说无疑是救命稻草，他自然是全身心投入设计当中。大谷石和沟纹砖的新颖建材以及遍布建筑内外的丰富装饰——日比谷公园对面突然建起了这样一座前所未见的建筑，给当时的日本建筑家们带来了压倒性的冲击，更是冒出了一大批"赖特式"信奉者。旧总理大臣官邸（现公邸，1929）就是赖特式建筑的代表作。地板四面八方无限延展编织出一个动人心魄的空间，这才是帝国大饭店最大的魅力，但是被称作赖特式的建筑大多都没有认识到这点。

　　可惜的是，帝国大饭店在昭和四十三年（1968）被拆除，只有中央大门的部分被迁至爱知县犬山市的博物馆明治村。另外，由赖特设计的自由学园明日馆规模虽小，但我们也能从这栋建筑上感受到赖特在帝国大饭店上所施展的空间魔法。赖特虽然并不像约西亚·肯德尔那样是个打心底热爱日本，最后在日本终此一生的建筑家，但是，他留下的建筑所带来的冲击至今仍然强烈，对日本建筑界有着极其深远的影响。

与勒·柯布西耶（Le Corbusier）、密斯·凡·德·罗（Ludwig Mies Van der Rohe）并称"近代建筑三大巨匠"的弗兰克·劳埃德·赖特。

名建筑观光指南

01 自由学园明日馆

　　自由学园是女权活动家羽仁吉一·基子夫妇所创立的女子学校。明日馆是该校的校舍，其设计出自美国建筑巨匠弗兰克·劳埃德·赖特之手。赖特当时为设计帝国大饭店来到日本，担任他助手的远藤新把他介绍给了自己的好友——羽仁夫妇。赖特对羽仁夫妇"重视学生个性，发展学生特长"的教学理念非常认同，并立刻着手明日馆的设计。开工之后仅过了3个月，大正十年4月，部分校舍就已完工，赶上了入学典礼。但是，由于帝国大饭店工程延误发生纠纷，赖特不得已回国，后面的工作都由远藤新接手。明日馆整体竣工已经是昭和二年的事情了。该建筑的结构呈"工"字形，整体给人强调水平线的印象，仅由玻璃和木料建造的大型窗户以及二楼华丽的食堂，每个空间仿佛都在低语着故事一般生动。这大概就是赖特建筑的精髓所在吧。

DATA

竣工：1921/设计：弗兰克·劳埃德·赖特+远藤新/地址：丰岛区西池袋2-31-3/国家指定重要文化遗产

中央大楼的食堂。充满赖特风格装饰的"几何学之森"空间。

中央大楼大厅。可以看到中庭的大窗户，窗格有赖特特征的几何图案。

明日馆的外观让人联想到赖特设计的"草原式住宅"（Prairie House）。

　　明治七年建校的立教大学原本坐落于东京筑地的外国人居留地，大正七年迁到了现在的池袋地区。拆迁时建造了本馆、礼拜堂、第一食堂等校舍。本馆采用16世纪英国形成的都铎式风格，建筑中央一楼部分可见平宽的圆拱设计，相当有特色。红砖墙体并未采用当时流行的英式砌法，而是采用工序更复杂的法式砌法（准确说来是"梅花砌砖法"[5]），应该是考虑到建筑整体的装饰效果。该本馆由传教士莫里斯（Morris）捐建，因此也被称为"莫里斯馆"。礼拜堂乍看之下并不像教堂建筑，而是让人联想到诺亚方舟的箱形建筑。

DATA

竣工：1918/设计：墨菲&德纳建筑事务所（Murphy and Dana Architects）/地址：丰岛区西池袋3-34-1

穿过本馆中央大门，尽头就是第一食堂。

5. Flemish bond.

扶壁排列并然有序的
礼拜堂外观。

礼拜堂馆内，褐色的
桁架屋顶与白色墙壁
形成优美的对比。

法式砌法的都铎式本
馆。由传教士莫里斯
捐建，因此也被称为
"莫里斯馆"。

03 日立目白俱乐部

该建筑是宫内省修建的学习院旧制高等科的男生宿舍，原为近卫公爵府邸。当时被称作"昭和寮"，由本馆和4栋宿舍构成。每位住校生都有自己的房间，食堂还配有吧台，作为学生宿舍而言打造得相当优雅。之后在昭和二十八年（1953），所有者变为日立制作所，宿舍也成了日立目白俱乐部。本馆采用白色外墙与红色的西班牙瓦片，竖长的拱形窗，阶梯状的天际线，还有高耸的烟囱。以本馆为中心，7栋建筑形成统一的设计风格。

DATA
竣工：1928/设计：宫内省/地址：新宿区
下落合2-13-28

楼梯间的外壁，精美的时尚设计。

具有西班牙风情的装饰艺术风格。

04 德川黎明会

　　财团法人德川黎明会负责德川美术馆和德川林政史研究所的管理和运营，该建筑是德川黎明会的东京事务所，对尾张德川家相关的美术品、工艺品及林业相关资料进行管理和研究。设计者是和光（p.026）和东京国立博物馆本馆（p.104）的设计者——渡边仁。厚重之中流露着优雅之感的宅邸风格，渡边的实力确实不容小觑。该建筑还有多处三叶葵的家纹装饰，但与建筑融为一体，不易察觉。建筑的背后有一条叫作"德川村庄"的住宅街，占地约5000坪，建有数十家西洋风格的住宅。

都铎哥特式风格。茶褐色的外壁搭配米色的赤陶砖，是整座建筑的亮点。

DATA
竣工：1932/设计：渡边仁/地址：丰岛区目白3-8-11

厚重感十足的正门，使之带有西式豪宅的韵味。

西原
NISHIGAHARA

留有大正名建筑群的赏樱胜地

　　作为东京首屈一指的赏樱胜地，区立飞鸟山公园被人熟知，涉泽荣一在此居住了长达31年。公园内的涉泽史料馆已经开放了晚香庐和青渊文库这两处涉泽故居供一般民众参观。本乡路南端的旧古河邸现在也已作为都立庭园对外开放。希望大家可以前去感受一下大正宅邸建筑的精髓所在。

明治初期的飞鸟山的赏花场景。与现在相比，人影稀疏却气氛温馨。

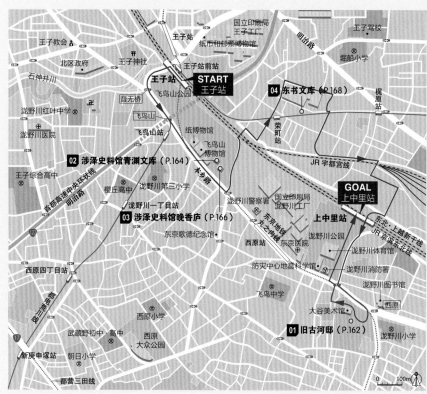

王子教会 ♠

北区政府

石神井川

泷野川红叶中学 ⊗

泷野川医院 ⊕

王子神社

王子站前站

王子站

首无桥

飞鸟山站

国立印刷局
王子工厂

纸币和邮票博物馆

王子站

START
王子站

飞鸟山公园

飞鸟山

纸博物馆

飞鸟山
博物馆

04 东书文库（P.168）

明治版

荣町站

王子驾校

堀船小学

梶原站

JR 宇都宫线

02 涉泽史料馆青渊文库（P.164）

王子综合高中 ⊗

首都高速中央环状线

明治路

樱丘高中

泷野川第三小学

泷野川一丁目站

木乡路

03 涉泽史料馆晚香庐（P.166）

东京歌德纪念馆 •

西原四丁目站

飞鸟中学

西原站

泷野川警察署

东京地铁
丸之内线

国立印刷局
泷野川工厂

东京医院

GOAL
上中里站

上中里站

东北·上越新干线
JR 京滨东北线

泷野川公园

泷野川体育馆

泷野川消防署

泷野川图书馆

西原

防灾中心地震科学馆 •

新庚申塚站

都营三田线

西原小学

武藏野初中·高中

朝日小学

西原
大众公园

01 旧古河邸（P.162）

大谷美术馆 •

泷野川小学 ⊗

0   100m

平成二十五年（2013）

涉泽史料馆青渊文库

涉泽史料馆晚香庐

旧古河邸

东书文库

涉泽史料馆青渊文库

涉泽史料馆晚香庐

旧古河邸

AREA 12 西原

159

追溯西原的历史
HISTORY OF NISHIGAHARA

德川吉宗修建，涉泽荣一居住过的飞鸟山

　　当年幕府将军为参拜日光东照宫修了一条"日光御成道[1]"，而设有御成道"一里塚"[2]的西原地区在历史上开始受到关注是在享保五年（1720）。当时作为享保改革的一环，德川幕府第八代将军吉宗下令在飞鸟山的小山坡上种植樱花树苗，规划新的赏花地区。那时，江户的民众赏花都集中在宽永寺一带，一到赏花的季节上野地区的秩序便会混乱不堪。吉宗希望这片地区成为人们安心赏花之所，因此下令栽种樱花树苗。据说飞鸟山作为公园对外开放之时，吉宗还亲自到此设宴赏花，借以宣传这个新的赏樱胜地。

　　明治六年（1873），太政官布达指定飞鸟山公园、上野公园、芝公园等公园为日本最早的公园，而最为钟爱这座飞鸟山公园的，就是被誉为"日本资本主义之父"的涉泽荣一。明治十一年（1878），涉泽荣一希望近距离守护自己尽心经营的造纸公司，便在这块地上建起了名为"暖依村庄"的别墅，用以招待内外宾客。明治三十四年（1901），为与家人共同生活，他把主宅也迁至此处。直到昭和六年（1931）去世，涉泽在这里生活了长达31年的时间，他对飞鸟山的感情之深不言而喻。

飞鸟山的涉泽邸庭院。拍摄时间应为明治后期，映入眼帘的是一片恬静的风景。

---

1. "御成道"是指宫家、摄家、将军等通行的道路。
2. "一里塚"指的是里程碑、里程堆。每隔一里便在道路两侧堆土并植树等作为表示距离的土堆。

飞鸟山涉泽邸与建筑家田边淳吉

作为一个独立的建筑家献给涉泽荣一的，
最初也是最后的作品——青渊文库

涉泽史料馆的两栋建筑都是田边淳吉的作品，但是两者的风格却截然不同。晚香庐体现的是大正建筑特有的"自由"和"热情"，而青渊文库则充满着对"新兴事物"的探索精神。

纵观田边淳吉的建筑家生涯，大部分时间都献给了清水组。想必他在设计建造晚香庐的时候，心中充满了率领清水组的喜悦吧。再加上前一年竣工的诚之堂，田边对自己设计的建筑能够呈献给涉泽荣一而深感荣幸，他曾坦率地表示："乐意贡献设计。"秉承清水喜助以来的传统和风格的精英设计团队，田边为自己成为这个团队的技师长而自豪万分，也对赞助者涉泽荣一的庇护而倍感优越。但是，最终，这种充实感也逐渐演变成束缚田边的枷锁。

与田边同期从帝大毕业的佐野利器、佐藤功一，后来分别当上了帝大和早大的建筑系主任，在建筑界备受瞩目。而相较于二人，田边不管设计出多少优秀的作品，都是以"清水组"的名义发表。正因为田边年轻时就精通各种技艺，深知自己才华横溢，当时的身份才让他郁郁不得志吧。辞去清水组的工作后，他与恩师中村达太郎共同创建了事务所。对于实现自立门户的夙愿的田边而言，青渊文库是他作为一个独立的建筑家，献给敬爱的涉泽荣一的，最初也是最后的一件作品。

持"不求私利，只图公益"思想的涉泽荣一，并未创建"涉泽财阀"，而是热心于社会活动。

名建筑观光指南

01 旧古河邸

　　该建筑为"日本近代建筑之父"——约西亚·肯德尔之遗作，粗石堆砌的乡村风格建筑与美丽的庭园构成一幅和谐的画面，堪称一绝。内部虽由红砖和石块打造，却分外明亮，装饰也甚少。但是，餐厅和书房却设置了在当时相当珍贵的大镜子，古河家的财力可见一斑。外观看上去或许难以想象，但二楼却是日式房间。一打开西洋风格的房门，眼前出现的是纯日式的佛堂——这也是该建筑的特色之一。该建筑一天可以参观三次，但是事先需要通过往返式明信片进行申请。

DATA
竣工：1917/设计：约西亚·肯德尔/地址：北区西原1-27-39旧古河庭院

外墙由黑褐色的未加工小松石堆砌而成。

餐厅天花板的灰浆装饰是水果的浮雕。

优美且格调高雅的一楼大
餐厅。

由几何图案构成、与其他
古典风格的室内装饰迥然
不同的时尚吸烟室。

多个山形屋顶和多边形飘
窗，大型门廊，厚重的石造
外观充满如画般的魅力。

02 涉泽史料馆青渊文库

　　为祝贺涉泽荣一八十大寿，以及从男爵荣升子爵，龙门社（涉泽荣一纪念财团的前身）捐赠修建了这栋建筑。最初计划用红砖砌墙，地板和屋顶用钢筋混凝土建造。但据说由于施工时发生关东大地震，于是在砖墙的内侧增设了钢筋混凝土的墙壁。窗框和柱子上所贴的瓷砖，上面有涉泽家的家纹——橡树叶的图案。该建筑本计划用作书库，但是涉泽荣一的藏书在地震中被烧毁。因此，青渊文库实际上成为接待国内外宾客的地方。

DATA
竣工：1925/设计：中村·田边建筑事务所/地址：北区西原2-16-1飞鸟山公园

箱形的简约外观，仿佛预见到之后现代主义风格时代的到来。

阅览室的彩绘玻璃窗，上面有涉泽家的家纹——橡树叶的图案设计。

背面呈半圆形凸出的时尚楼梯间。

阅览室。褐色的柚木护墙板和由装饰带环绕的白墙壁是绝配。高雅又舒适的内部装饰。

03 涉泽史料馆晚香庐

　　从青渊文库再往回推8年，也就是大正六年（1917），为祝贺涉泽荣一七十七岁大寿，清水组（现清水建设）赠予这栋建筑作为贺礼。栗木建造的房架及錆壁[3]、地板的铁平石等，酝酿出平和沉稳的和洋折中式氛围。从长长的屋檐下方的大门进入，右手边就是洽谈室。洽谈室的飘窗、壁炉、灰浆涂装的船底形[4]天花板都颇具特色，还有四盏吊灯的金属吊绳也设计感十足，可见设计者对细节都要求尽善尽美，大家不妨去好好体会一番。

DATA
竣工：1917/设计：田边淳吉/地址：北区西原2-16-1飞鸟山公园。

洽谈室。室内装饰和日用器具不管哪件都堪称工艺品。大正时代特有的气息让人心境平和。

---

3. "錆壁"是指涂抹掺有铁粉的黏土的墙壁，能看到铁锈的痕迹。
4. 中央高，造成船底形状的吊顶设计。

山庄般宁静的氛围。据说"晚香庐"这个名称是由"Bungalow"音译过来的。

壁炉贴有黑紫色的瓷砖，中间的方块文字是仿"寿"字的简约花纹。

04 东书文库

　　该建筑为东京书籍[5]所设立的日本最早的教科书图书馆。以曲线形的台阶和两根圆柱支撑的大门部分为代表，该建筑随处可见受到装饰艺术风格影响的设计。图书馆可以通过事先预约入内阅览，同时可参观建筑内部。东书文库对面是同时期建造的东京书籍印刷（现 Livretech 株式会社）的事务所和工厂，沟纹砖装贴的外墙散发着昭和初期建筑独有的韵味。

DATA
竣工：1936/设计：不详/地址：北区荣町48-23

事务所。凸出屋檐水平线的装饰艺术风格。三楼是"二战"后新建的楼层，颇有违和感。

认定为经济产业省"近代建筑遗产"的东书文库。藏书约有14万册，其中部分藏书被指定为重要文化遗产。

5. 全称为"東京書籍株式会社"，是日本最大的教育类出版商。

神宫外苑

JINGUGAIEN

形成体育运动重要据点的西式庭园

以圣德纪念绘画馆为中心，明治纪念馆、国立霞丘竞技场、神宫球场等设施都位于神宫外苑境内。神宫外苑其实是为纪念明治天皇功德而修建的西式庭园，全称为"明治神宫外苑"。这里各种体育场馆齐备，可谓日本全国首屈一指的体育运动据点，也是举办东京奥运会等大型体育盛事的历史舞台。

神宫外苑境内有青山练兵场，这里曾举行过陆军的阅兵式。

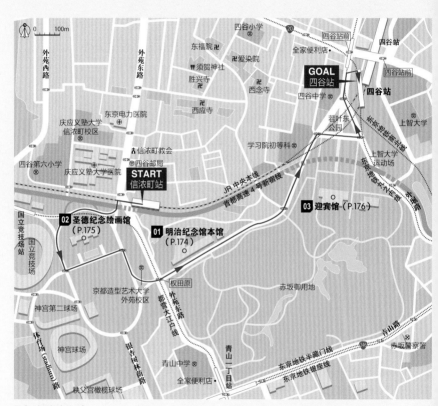

◦ 迎宾馆

◦ 圣德纪念绘画馆　　◦ 明治纪念馆本馆

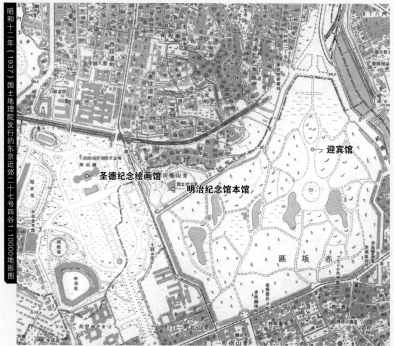

◦ 迎宾馆

◦ 圣德纪念绘画馆

◦ 明治纪念馆本馆

AREA 13 神宫外苑

追溯神宫外苑的历史
HISTORY OF JINGUGAIEN

为日本运动、文化的普及做出巨大贡献的运动圣地

如今的明治神宫，境内的大半区域在江户时代曾经是各大名的下屋敷。到了明治，这里成为宫内省管理的御料地[1]，被称作"代代木御苑"。明治天皇驾崩后，为供奉深爱这片土地的天皇和昭宪皇太后，便于此处兴建了明治神宫（内苑）和人工森林。同样位于明治神宫境内的神宫外苑，其"外苑"的称呼是为了与"内苑"相呼应。

明治十九年（1886），帝国陆军青山练兵场曾从日比谷迁移到此。后来为明治天皇的功绩能流芳后世，决定在练兵场旧址上建造西式庭园。在全国各地踊跃捐款、捐树、义务劳动下，明治神宫内外苑于大正十五年（1926）顺利完工。公园内，圣德纪念绘画馆与成排的银杏树交相辉映，景色怡人。除此之外，陆上竞技场、球场、相扑场、游泳池等体育场馆也是应有尽有，成为日本人民强健身心和文化艺术普及的一大据点。

神宫外苑自创建以来，一直到"二战"结束都隶属国家管辖。但是，"二战"后脱离了国家管辖，暂时由驻军接手。现在则是以宗教法人明治神宫外苑的名义运营，是汇集了网球场、橄榄球场、滑冰场、高尔夫练习场等各种体育设施的运动圣地。

明治四十二年（1909）建造的东宫御所正门。现在是迎宾馆的正门。

---

1. 皇室拥有的土地。

宫廷建筑家·片山东熊

曾登上人生顶峰，却在失意中郁郁而终的康德尔弟子

　　旧东宫御所（迎宾馆赤坂离宫）的设计者片山东熊嘉永六年（1853）出生于长州荻，是工部大学校造家学科（现东京大学工学部建筑学科）的第一届毕业生。毕业后，片山与辰野金吾等3名同期毕业生被工部省录用，成为营缮局七等技手。1881年，片山受命担任肯德尔设计的有栖川宫邸的建筑负责人，1882年前往欧洲对宫廷建筑进行实地考察学习。1886年，片山任职于皇居御造营事务局，1889年成为宫内省内匠寮技师，作为宫廷建筑家的地位逐步得以巩固。

　　继1894年竣工的"帝国奈良博物馆（现奈良国立博物馆）"，第二年"帝国京都博物馆（现京都国立博物馆）"也顺利完工。1904，片山顺利升任宫内省的"内匠頭"[2]，名副其实地登上了宫廷建筑界的顶点。而东宫御所正是片山耗费10年岁月打造的，凝聚众多艺术家和工匠心血，是倾其一生所学的代表之作。当年随有栖川宫赴欧取经的成果，都在该建筑上发挥得淋漓尽致，堪称明治建筑极具代表性的伟大杰作。但是，当片山兴冲冲地带着东宫御所竣工的照片前往明治宫殿报告时，换来的只是明治天皇一句冰冷的"太奢华了"。在那之后，这座东宫御所也未能迎来皇太子殿下的入住。不久便患病卧床不起的片山东雄，于大正六年（1917）在万分失意中结束了自己的一生。

片山东熊是长州藩士的四子，参与过宫内省设计36件，公务之余还担任过14座贵族宅邸等建筑的设计。

---

2. 内匠寮的最高负责人。

名建筑观光指南

01 明治纪念馆本馆

该建筑竣工于明治十四年（1881），原为当时的赤坂临时御所的别殿，建在现在迎宾馆所在之处。这里也是曾经数次召开御前会议，审议帝国宪法、皇家典范草案的历史舞台。后来又作为伊藤博文公邸迁至东京府下荏原郡大井村，大正七年（1918）又作为宪法纪念馆迁移到了现在的地址。门廊巨大的卷棚式封檐板造型精美，与庭园和建筑完美融合。隔扇的拉手和丁隐[3]设计等，每个细节的装饰都尽善尽美，尽显近代日式建筑之精妙。"金鸡之间"也绝不能错过，那满墙金鸡起舞的图案，华丽精美的格式藻井，还有那装有大镜子的富丽堂皇的黑漆壁炉架，都无不让人惊叹。

DATA
竣工：1881（1918）/设计：宫内省/地址：港区元赤坂2-2-23

西面正门停车门廊的大型唐破风[4]屋顶。

宽阔的檐廊，可以把庭园风景尽收眼底。

"金鸡之间"近景。明治天皇曾莅临此处审议帝国宪法，是有历史渊源的大厅。

---

3. 装饰性钉帽。为掩盖钉入横木板条上的钉子而安装的饰物。
4. 东亚传统建筑中常见的正门屋顶装饰部件，为两侧凹陷，中央凸出成弓形类似遮雨棚的建筑。

02 圣德纪念绘画馆

该绘画馆可谓神宫外苑象征性的存在。每逢秋季，从青山路向一片金黄色的银杏树林荫路望去，绘画馆就伫立在道路尽头——这如画般的一幕堪称东京最有代表性的风景之一。以绘画馆为中心在街道两侧栽种银杏树，其实是采用了远近法，可见设计师们在视觉效果上确实下了一番功夫。该建筑与国会议事堂都采用被称为"竞赛风格（Competition Style）"的"二战"前设计，其特征就是强调水平线并把重心放在中央部分。几何设计感虽不如国会议事堂，但整体也具有浓厚的前卫感。

DATA
竣工：1926/设计：小林政绍+佐野利器+小林政一/地址：新宿区霞丘町1-1/国家指定重要文化遗产

中央采用圆顶设计，以分离派大量运用几何图案强调水平线和垂直线的风格为基调，没有过多装饰，显得十分坚实。

夜晚灯光照射下的绘画馆。与白天相比，被金色光晕笼罩的绘画馆更别有一番魅力。

03 迎宾馆

　　这座建于东京港区赤坂的旧东宫御所（迎宾馆赤坂离宫），原本是为皇太子殿下嘉仁亲王（后来的大正天皇）大婚而计划修建的。从明治三十二年（1899）开始施工，前后耗时10年，花费500万日元，终于在明治四十二年（1909）竣工。该建筑如欧洲宫殿般富丽堂皇，设计出自宫廷建筑家片山东熊之手。裕仁亲王（之后的昭和天皇）曾在此居住过数年，但在裕仁即位后这里就成了离宫，基本不再使用了。"二战"后，这片土地及其建筑从皇室移交给国家管理，赤坂离宫便成为各种会场，用于接待外国贵宾的机会也越来越多。昭和三十七年（1962），当时的总理大臣池田勇人提议对该建筑进行修整翻新，作为新的迎宾馆。内阁会议通过该提案后，昭和四十九年（1974）迎宾馆完工。平成二十一年（2009）12月8日，该建筑被指定为国宝，这在明治时期以后的建筑中是最早获得指定的。

DATA
竣工：1909（1974）/设计：片山东熊（改建：村野藤吾）/地址：港区元赤坂2-1-1

迎宾馆正面大门一侧。屋顶两侧有盔甲的装饰。

正门。包括金属装饰高达9.5米的大门。

两翼大幅向前弯曲，强调巴洛克式惊艳的视觉效果。

"朝日之间"天花板的大型油画。画的主题是"女神鞭玉马驱香车"。

正门大厅。来宾从红毯的右侧进入，去往中央楼梯。

从二楼大厅所看到的中央楼梯。
新巴洛克式绚烂奢华的装饰。

举办正式晚宴的"花鸟之间"。古典主义风格的装饰由木
质材料打造，营造出庄严沉稳的空间。

从庭园喷泉看迎宾馆背面。阳台排列着优美的廊柱。据说该建筑的背面是参照卢浮宫设计的。

新宿
SHINJUKU
由驿站街发展起来的火车终点站

　　新宿地区是以关东大地震为契机，才开始了真正意义上的发展。东京西郊的武藏野台地地基稳固，地震时几乎没有受灾，因此人口剧增。而成为其终点站的新宿站，其周边渐渐形成新的繁华街区。"二战"后，这里黑市兴起，新宿作为戏剧、电影等亚文化的传播中心，如今的面貌仍是日新月异。

昭和八年（1933）前后的新宿红灯区。耀眼的霓虹灯讲述着当时的繁华。

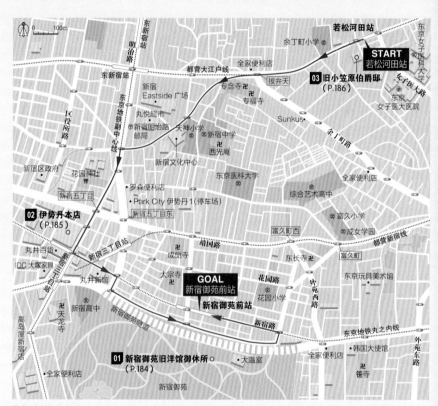

平成二十五年（2013）

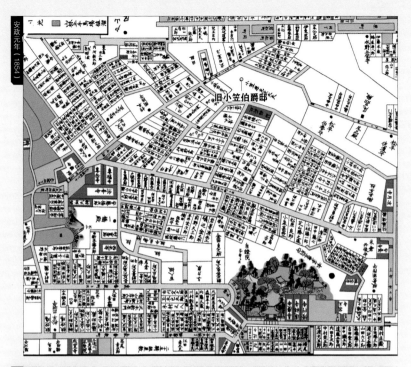

旧小笠伯爵邸

旧小笠伯爵邸

伊势丹本店

新宿御苑旧洋馆御休所

追溯新宿的历史

HISTORY OF SHINJUKU

起源于甲州街道的驿站，都内屈指可数的商业区

　　江户初期，幕府修建了陆上交通的要道"五街道"，其中之一就是甲州街道，当时在信州高远藩主内藤氏的下屋敷设立了甲州街道的驿站——"内藤新宿"，这就是新宿的起源。甲州街道是五街道中大名利用率最低的，只有高远藩、饭田藩、高岛藩走这条路进行参勤交代[1]。而因为公务需要通行的也只有甲府勤番[2]和八王子千人同心[3]这些人了。因此驿站的旅馆也很少，还渐渐发展成未经官许的烟花巷"冈场所"的性质，现在的新宿红灯区就是从此发展起来的。而进入明治时期，新宿一带的武士宅邸也没有人居住了，变得十分荒凉。后来，大藏省买下内藤新宿一带的广阔土地，由内务省在此设置了农事试验场，对入境的动植物进行检查。明治十二年（1879）转由宫内省管辖，改名"新宿植物御苑"。这就是新宿御苑的来源。

　　明治十八年（1885），新宿站因为日本铁路品川线（现山手线）的铺设而启用，后来甲武铁路（现JR中央线）和京王轨道铁路（现京王线）也加入了，商店便如雨后春笋般出现在新宿站周边。大正十二年（1923）关东大地震之后，地基稳固的东京西郊人口剧增。再加上小田急线和西武线的加入，新宿便成为东京都内屈指可数的重要车站。"二战"后，随着百货商店的接连开业，新宿更是发展成为地位不可动摇的繁华商业区。

现在的新宿区在明治时代也被称作牛込区、四谷区、淀桥区。牛込区的户山、若松町、市谷本村町建有许多陆军士官学校等军事相关的教育设施。

---

1. 江户时代，幕府为管理大名而让其轮流来江户供职一定期间的制度，原则上一年一换。
2. 日本江户幕府的官职之一。被任命担任甲府城警备的旗本或御家人，受老中指挥。
3. 日本江户幕府的官职之一。任务主要是甲州口的治安维护和警备工作。

曾祢达藏

受教于约西亚·肯德尔的工部大学校造家学科第一届毕业生

  旧小笠原伯爵邸的设计者曾祢达藏与辰野金吾、片山东熊等人都是工部大学校造家学科的第一届毕业生，毕业以后，曾祢达藏在明治四十一年（1908）与小他16岁的中条精一郎共同创办了曾祢中条建筑事务所，旧小笠原伯爵邸、庆应义塾图书馆、东京海上大楼、如水会馆、华族会馆等众多知名建筑的设计均出自该事务所，屡次被冠以"二战"前最佳设计事务所的称号。

  曾祢在成为建筑家之前，是唐津藩主小笠原家的继承人——江户幕府老中[4]小笠原长行的小姓[5]，他还曾经加入彰义队保卫上野宽永寺。曾祢从工部大学校毕业后一直作为民间建筑家活跃，与同样出身唐津的辰野金吾形成鲜明对比。据说，他们的老师约西亚·肯德尔从英国来到日本时，曾祢是最高兴的一个。肯德尔擅长对弟子量才任用，他当时是否考虑到曾祢的出身才引导其走上民间建筑家的道路的——这一点已无法考证。但是，曾祢对主公长行的忠诚之心确实是传递给了肯德尔吧。担任三菱公司顾问的肯德尔把曾祢叫过去当助手，让他负责"一丁伦敦"的施工现场，想必也是因为欣赏曾祢的"忠心"。

  出生于江户的曾祢，历经了明治、大正，一直活到昭和。据说他晚年的时候，与他的恩师肯德尔共同设计的三菱二号馆被拆除之时，他还亲临现场，潸然泪下。

因恩师肯德尔的介绍进入三菱公司，退休后
开办建筑事务所的曾祢达藏。

---

4. 日本江户幕府的官职之一。从有势力的谱代大名中选任，辅佐将军、总理全部政务的最高官员。

5. 相当于侍童，杂役。

名建筑观光指南

01 新宿御苑旧洋馆御休所

　　明治初期内务省所设立的"内藤新宿试验场"，在明治十二年（1879）经由宫内省的整修成为皇室专用庭园"新宿植物御苑"。这栋木造西式旧洋馆御休所建成于明治二十九年（1896），当时是天皇及皇族参观园内温室时所用的休憩场所。据说由于大正年间苑内建造了9洞高尔夫球场，该建筑也就被用作高尔夫俱乐部了。新宿御苑内除了这栋御休所以外，还有不少昭和初期的建筑物也在战争中幸免于难，像是旧御凉亭、旧新宿门卫所和旧大木户门卫所，我们仍然能从中感受到皇室庭园时代那素朴高雅的氛围。

DATA
竣工：1896/设计：不详/地址：新宿区内藤町11

切妻破风（山墙）的镂空雕刻及屋檐的齿状装饰等，是明治中期木造洋馆的一大特色。

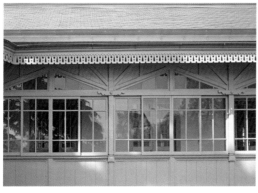

蕾丝状的屋檐装饰轻巧精美。

02 伊势丹本店

伊势丹百货的前身是明治十九年（1886）于神田旅笼町（现在的千代田区外神田）创立的"伊势丹治吴服店"，该建筑为伊势丹的总店。昭和八年（1933）伊势丹在新宿开店，1935年又收购了旁边的百货公司"布袋屋"，两栋建筑经过改建合而为一后就是现在的伊势丹本店。垂直线突出的哥特式设计格外引人注目，强调高耸入云般的轻快感。建筑细节明显受到F.L.赖特的影响，随处可见赖特所钟爱的古典美式风格的装饰。

DATA
竣工：1926/33/35/设计：清水组/地址：新宿区新宿3-14-1

垂直线让人印象深刻的哥特式建筑。

外檐上所刻的连续花纹是装饰艺术风格的特征。

03 旧小笠原伯爵邸

从都营大江户线的若松河田站出来，就能看到这座旧小笠原伯爵邸。该建筑是昭和二年（1927）作为旧小仓藩主——小笠原长干的府第而建的华族宅邸，现在是一家餐厅。这栋具有代表性的西班牙式洋馆，是由曾祢中条建筑事务所负责设计的，这家事务所还设计过众多旧华族和财经界人士的宅邸。旧小笠原伯爵邸采用钢筋混凝土结构，建有地上二层地下一层，绿色的西班牙瓦片和装饰瓷砖显得外观个性十足。中庭有优雅的喷泉，沿着中庭的楼梯上到露台，还能看到漂亮的藤架，除此之外，还有大门的雨篷和吸烟室的外墙装饰，等等。值得一看的地方太多，实在难以一一细数。

DATA
竣工：1927/设计：曾祢中条建筑事务所/地址：新宿区河田町10-10

客房装饰着花朵图案的可爱彩绘玻璃窗。

大门上方架设的玻璃雨篷
设计灵感来源于葡萄架。

都铎式风格的贵宾餐厅。

客房采用装饰艺术风格设
计，显得很清爽。

该建筑外观最吸引人的眼球的，便是呈半圆形突出的吸烟室外墙。瓷砖上的小鸟、花朵及藤蔓的图案活灵活现，充满西班牙式的华贵气息。

圆筒形吸烟室的内部装饰采用伊斯兰风格。环绕四周的精致伊斯兰花纹、地板的大理石马赛克、蓝色的天花板上金光闪闪的大型浮雕，等等，光和影的交织充满异国风情。

早稲田
WASEDA
能够享受迷宫般小巷漫步的街区

　　江户时代，早稻田一带曾是一个占地达13万坪的日本庭园，十分宽广。明治时代，陆军户山学校被设立于此，"二战"后，这里又建成一个大型社区——户山高地住宅区（heights）。日本历史最悠久的私立大学之一——早稻田大学的校园周边有许多四通八达的小巷和石阶小路，漫步于其中仿佛置身于迷宫一般，十分有趣。

照片为明治40年代的早稻田大学周边。大批民宅已开始修建。

目白台运动公园

高户桥

东京地铁副中心线

户塚警察署

天祖神社🏮

面影桥站

都电荒川线

新目白路

新江户川公园

神田川

早稻田站

马场口

东京地铁
东西线

Sunkus

亮朝院卍

甘泉园公园

AOKI

户塚第一小学

水稻荷神社

东京丽星家酒店•
（RIHGA Royal Hotel Tokyo）

印度大使官邸

7-11 便利店

早稻田路邮局

明治路

马自达汽车¹
租赁公司

罗森便利店

早稻田路

大隈庭园

户新
塚宿
办消
事防
处署

全家便利店

全家便利店

西早稻田

03 早稻田大学建筑群
（P.196）

西早稻田站

GOAL
西早稻田站

日本基督教会馆

01 学习院女子大学正门
（P.194）

学习院女子初中、高中

02 斯科特大厅——早稻田教会
（P.195）

法轮寺卍
龙泉院卍

早稻田
初中、高中

START
早稻田站

新宿北邮局

学习院女子大学

穴八幡宫

户山高中

诹访路

瑞穗银行

早稻田站

•优衣库
•新宿宇宙（Cosmic）中心

箱根山路

早稻田大学
户山校区

早稻田大学
喜久井町校区

来迎寺卍

户山公园

箱根山▲

清源寺卍

户山教会⛪

0   100m

平成二十五年（2013）

_____

1. 现已更名为 "Times Car Rental"

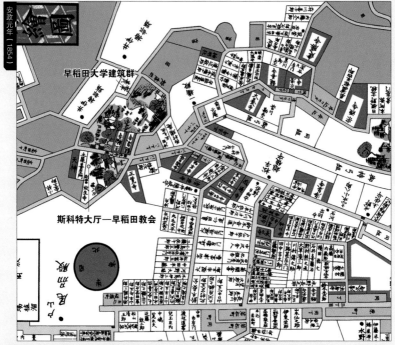

早稻田大学建筑群

斯科特大厅—早稻田教会

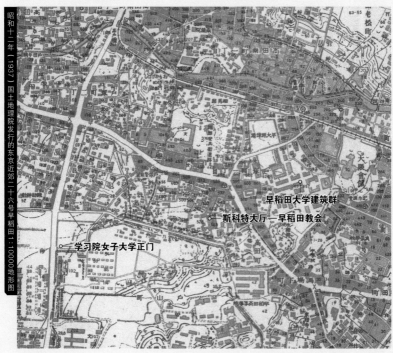

昭和十二年（1937）国土地理院发行的东京近郊二十六号早稻田1：10000地形图

早稻田大学建筑群

斯科特大厅—早稻田教会

学习院女子大学正门

追溯早稻田的历史
HISTORY OF WASEDA

从大名庭园到陆军设施，再到户山高地住宅区

现都立户山公园一带，在江户时代是尾张德川家的下屋敷。第二代藩主德川光友在这里修建了回游式庭园——"户山山庄"。宽政年间，第十一代幕府将军家齐也曾到访这座庭园。户山山庄与水户德川家的小石川上屋敷（小石川后乐园）齐名，两者都是江户首屈一指的大名庭园。园内有模仿箱根山建造的假山"玉圆峰"，还有模仿东海道小田原驿站的建筑，总共有25处景点，其占地13万坪的规模堪称日本庭园史上之最。这座假山现在仍能在户山公园内看到，被称作"箱根山"，海拔高达44.6米，是山手线内最高的山。

明治维新以后，户山山庄的旧址上设立了陆军户山学校，这里还陆续修建了军医学校、陆军练兵场等设施，直到太平洋战争结束。"二战"后，由于住宅缺乏成为严重的社会问题，昭和二十四年（1949），东京都接受驻军出让的兵营建材和技术指导，在这块地上建设了被称为"户山Heights"的都营住宅。

总数达到1052户，建筑均为西洋风格的平房。厕所采用了当时最新的冲洗式设计。"户山Heights"在20世纪70年代改建为钢筋混凝土结构的高层住宅，成为东京都内屈指可数的大规模住宅区。其中一部分成为都立公园，"箱根山"就在这个公园里。

早在明治三十六年（1903）专科学校令颁布之前，也就是1902年，东京专科学校就已更名为早稻田大学。照片为明治末期的校舍。

迁建保存

诚之堂的"authenticity"——使新"场所性"成为可能

建筑物的迁建，除了像学习院女子大学正门那样能够整体搬迁过去的情况以外，都需要先把建筑拆开，对所有构件进行逐一修复后，才在另一块地上重新搭建。从这点来讲，木造建筑的结构非常适合迁建，可以说，自古以来迁建就是日本建筑文化的基础。

近年来频繁被提到的"authenticity"一词，也就是"真实性""可靠性"的意思，在建筑物的保存、修复上用来衡量其美学价值和历史价值。"authenticity"的内容包括"材料、设计、技法、场所"（1994年的奈良会议提议再加上6对、12条项目），但是，建筑物的迁建保存自然是与其中的"地点"这点相抵触的。虽说"场所"的真实性对迁建而言是一个难以解决的问题，但是反过来想，不管"场所"的话是不是就能够迁建了呢？1999年被迁到深谷市的诚之堂打破了砖砌建筑（不能拆解）无法迁建的神话，成为迁建技术进化史上的里程碑式的案例。同时，献给涉泽荣一的这座诚之堂被迁到了他的出生地，这又意味着"场所"这一真实性又酝酿出了新的定义。

为祝贺涉泽荣一七十七岁大寿，于东京府荏原郡玉川村濑田（现在的东京都世田谷区）修建的诚之堂，是田边淳吉的作品。"涉泽史料馆晚香庐"（p.166）的设计也出自田边之手。

名建筑观光指南

01 学习院女子大学正门

　　明治十年（1877），学习院创立于神田锦町时的正门。在明治十九年（1886）的火灾中，校舍烧毁。学习院搬迁后，经过几次迁建，昭和二十五年（1950）才迁到现在的地址安定下来。藤蔓花纹的铸铁制大门像是在诉说着学校的悠久历史，显得十分厚重。门柱顶端有宝珠装饰，整体呈现和洋折中的风格。

DATA
竣工：1877/设计：不详/地址：新宿区户山3-20-1

这座风格独特的大门别称"铁门"，已被指定为日本国家重要文化遗产。

02 斯科特大厅——早稻田教会

明治四十一年（1908），基于基督教精神所建造的早稻田大学学生宿舍就是早稻田奉仕园的起源。作为奉仕园象征的斯科特大厅，是东京都内稀有的砖砌建筑，十分珍贵。为实践"自由、博爱、自治"的美国教育理念，大正十一年（1922），美国的资产家斯科特夫人捐赠5万美元用于修建此馆，设计则由建筑家W.M.沃利斯负责。中央配有塔楼，还设有兼做礼拜堂的礼堂，以及集会室、地下食堂、台球室。礼堂的挑高天花板可以看见露在外面的木造桁架，可谓点睛之笔，不得不看。关东大地震中，该建筑塔楼有部分崩塌，其他部分损坏并不严重，后来又躲过战火的摧残，那爬山虎缠绕的厚重红砖墙至今仍保存完好。

DATA
竣工：1921/设计：W.M.沃利斯/地址：新宿区西早稻田2-3-1

美国浸信会修建的，基于基督教精神的早稻田大学学生宿舍和礼拜堂。据说，设计者W.M.沃利斯和创办人本宁霍夫（Benninghoff）传教士为好友。

03 早稻田大学建筑群

　　早稻田大学校园内主要建筑，是在大正末期至昭和初期建造的。大隈纪念讲堂是为纪念早稻田大学创立45周年，于昭和二年（1927）修建的，该建筑以哥特式为基调，比如，正面开口部的尖头拱门、圆形窗户、钟塔的小尖塔顶装饰。同时又将罗马式风格巧妙地融合进去，像是开口部较少的厚重墙面，北侧外廊的半圆拱形设计，还有屋檐下方的伦巴第装饰带（连续小拱形的装饰）。左右不对称，倾斜于校园轴线的配置——这种大胆的手法主要源自最早探究"都市美观"问题的佐藤功一的创意。会津八一纪念博物馆（旧图书馆）竣工于大正十四年（1925），是建筑家今井兼次的处女作。一楼大厅有六根灰浆涂装的柱子，最后一根还有一段美丽的佳话，据说当时工匠是在家人的陪伴下完成涂装的。能够享受绘画和建筑空间视觉盛宴的楼梯间里，挂有画作《明暗》（横山大观·下村观山共同完成）。除此之外，还有教会风格的展览室（旧阅览室）等许多内部空间的设计都值得细细品味。该馆经古谷诚章等人设计改建，平成十年（1998）以现在的面貌获得重生。

DATA/大隈纪念讲堂
竣工：1927/设计：佐藤功一+佐藤武夫/地址：新宿区西早稻田1-6-1

简洁有力的都铎式三连拱令人印象深刻。大隈纪念讲堂正面采用不对称设计，敢于挑战权威的表现颇具早稻田大学的风格。时钟塔高达125尺（约38米）。据说是源于大隈重信生前倡导的"125岁理论"。

面向大隈庭园的罗马式拱廊。

DATA/曾津八一纪念博物馆（旧图书馆）
竣工：1926（1998）/设计：今井兼次（改建：古谷诚章）/地址：新宿区西早稻田1-6-1

楼梯间挂着横山大观所作的《明暗》。

建筑外观是颇具量感的表现派设计。

197

已成为展览室的旧阅
览室。两侧弧形墙壁
夹着拱形挑高天花板
的设计十分优美。

入户大厅。以表现
派为基调，柱头采
用喷泉状个性设计
的柱子井然排列。

三田

MITA

绿意环绕，洋馆林立的豪宅区

　　三田地区地势较高的台地一带非常适宜居住，这里不但植被茂盛，日照充足，而且放眼望去都是怡人的风景。到了明治时期，有不少皇族、华族和有权势的企业家们都纷纷来此修建自己的宅院。高墙环绕，绿意盎然的树林深处建起了平民百姓无法想象的华丽洋馆，"屋敷町"[1]就此形成。这个豪宅区的品牌魅力，时至今日也不曾减退。

明治初期芝区三田大街的照片。宽阔的道路两旁商店鳞次栉比。

---

1. 有权有势的人集中居住的豪宅区，公馆街。

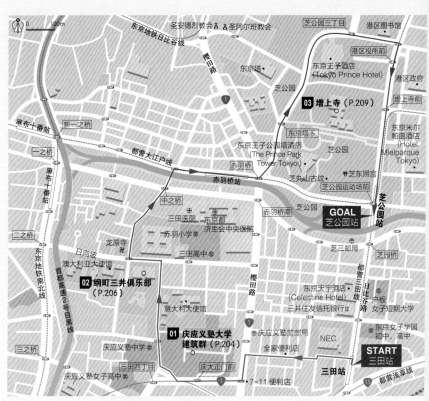

平成二十五年（2013）

增上寺

纲町三井俱乐部

庆应义塾大学建筑群

增上寺

纲町三井俱乐部

庆应义塾大学建筑群

AREA 16 三田

追溯三田的历史
HISTORY OF MITA

权威创业家购入的广阔土地，完全沿袭大名屋敷的规模

现在位于港区三田四丁目附近的台地，江户时代都是大名屋敷，是一个被冠以"月之岬"的风光明媚之地。从这里能欣赏到一轮皓月从海平面升起的美景，这一幕在歌川广重的《名所江户百景》中也有描绘。

与沿河而建，空气潮湿的平民区不同，地势较高的台地既不潮湿通风又好，相当宜居。因此，到了明治，在大名相继离去之后，皇族、华族和新兴的创业家们便纷纷来此地建宅。

这片地区之所以受到创业家们的特殊青睐，还有另一个原因，就是明治五年（1872）从横滨至新桥的铁路开通。这片区域连通了三田、高轮、品川三大沿海地区，可以第一时间接触来自西洋的文化、技术和人才。

明治时期创业家们购入的大片土地中，三井占了3万平方米，三菱占了2.6万平方米，如此宏大的规模，可见几乎是原封不动地接手了大名屋敷。如今，我们还能看到宅地周围绕着看不见尽头的石墙，这些大型宅院遍布各处，使该区整体的景观质量得以维持。大概这也是作为"屋敷町"的三田，品牌魅力有增无减的原因吧。

明治20年代庆应义塾的正门。

增上寺三解脱门

东京现存大门建筑中的王者，雄伟和华丽令人惊叹

"三解脱门"为佛教用语，指的是获得解脱通至涅槃的三种三昧[2]，即空门[3]、无相门[4]、无愿门[5]。寺院大都采用"三门"的简称，而使用"三解脱门"全称的遗构，纵观全日本的国宝及国家指定重要文化遗产的建筑物，也只有增上寺三解脱门这一座。

增上寺三解脱门采用"五间三户二阶二重门"的形式。所谓"五间"，指的是柱子之间形成5个门，"三户"指的是有3个门可供通行。双层楼的大门当中，屋顶采用单层的叫作"楼门"，而像增上寺三解脱门这样采用复层屋顶的则为"二重"。"五间三户二阶二重门"为现存规模最大的大门建筑形式，是以临济宗为中心的禅宗寺院继承发展而来。另外，净土宗寺院的三门当中，京都的知恩院三门（日本国宝）也采用了同样的建筑形式。知恩院是德川家的京都菩提寺，在建造之时，为了不逊色于其他寺院的三门气派，便跨越宗派修建了"五间三户二阶二重门"。增上寺与知恩院同为德川家的菩提寺，是主寺和副寺的关系，因此增上寺三解脱门也可以说是基于同样的理由采用了这种建筑形式。即便与各大寺院的殿堂相比，增上寺三解脱门的雄伟和华丽也是压倒性的，在东京现存的大门建筑中可谓首屈一指。这座知名建筑，即便在不久的将来被指定为国宝也不足为奇。

增上寺的山门——三解脱门。
明治30年代的照片。

---

2. 来源于梵语"samadhi"的音译，意思是止息杂念，使心神平静，是佛教的重要修行方法。

3. 谓观我所见，我见皆空，一切诸行不真实、不常、恒空。

4. 又作无想。谓观因空故，不起着于相。

5. 又作无作或无欲。谓观无相故，于未来死生相续，无所爱染愿求。

名建筑观光指南

01 庆应义塾大学建筑群

　　明治四年（1871）迁到三田台地的庆应义塾校区内，现存数栋"二战"前的校舍，如日本最早举办演讲会的仿西式建筑——三田演说馆（1895），罗马式建筑——塾监局（1926），还有堪称庆应义塾大学象征的旧图书馆（1912）。旧图书馆是为纪念大学创建50周年修建的新哥特式建筑，红砖和花岗岩的色彩形成鲜明的对比。日本最早的建筑家——曾祢达藏率领的曾祢中条建筑事务所担任该建筑的设计，这也是该事务所最早的作品。昏暗的楼梯平台处镶嵌有大型彩绘玻璃窗，闪烁着神秘的光芒，向人们传递着"笔比剑强"的理念，如此精美的设计只能用完美来形容。

DATA / 旧图书馆
竣工：1912/设计：曾祢中条建筑事务所/地址：港区三田2-15-45

旧图书馆的楼梯间里闪闪发光的彩绘玻璃窗。原画作者是和田英作，制作者是小川三知。曾于战争中损毁，1974年得以复原。

三田演说馆馆内。据说是模仿美国公会堂[6]的设计,为日本最早的西式大厅。

三田演说馆的外观。外墙是传统的"海鼠墙"[7]。大门的门廊设计及上方的上下推拉窗等,都是西洋建筑的风格。

旧图书馆的外观。红砖与花岗岩的鲜明对比,是哥特式校舍的杰作。

6. 为公众集会所建的设施。
7. 日式格纹墙,菱纹墙。以四角平瓦斜镶壁面,并用灰泥堆砌抹缝抹出白棱的墙。

02 纲町三井俱乐部

　　该建筑为三井财阀的贵宾招待所，设计者是肯德尔。肯德尔还设计过以鹿鸣馆为代表的众多俱乐部建筑，纲町三井俱乐部可谓他的集大成之作。结构上为砖砌建筑，外墙贴有白色瓷砖，给人以时尚的印象。整体的基本样式采用文艺复兴风格，露台中央部分的突出及馆内二楼大厅优美的椭圆形挑高设计，可以看出巴洛克式的手法。同样的设计在同时期建造的旧岛津侯爵府邸上也能看到，均体现出肯德尔晚期的作品风格。西式庭园的尽头还与日式庭园相连，十分宽广，现在作为三井旗下各公司的接待所和婚礼会场使用。

DATA
竣工：1913/设计：约西亚·肯德尔/地址：港区三田2-3-7

小沙龙室优美的弓
形窗（呈曲面往外
凸出的窗户）。

中间是圆形的挑高二楼
大厅。阳光从圆顶天窗
洒落至一楼大厅。

楼梯左右两边有爱奥尼
亚柱式圆柱耸立的中央
大厅。

大门一侧的建筑外观。优美与厚重兼备，是肯德尔的晚期杰作。

庭园一侧外观。背面是文艺复兴风格的连拱双层拱廊，中央部分呈曲面凸出是巴洛克式的手法。该建筑现在也作为婚礼会场使用。

03 增上寺

　　净土宗的大本山增上寺与上野宽永寺齐名，同为德川家的菩提寺，修建于明德四年（1393），开山祖师为酉誉圣聪上人，位于现在的千代田区纪尾井町附近。德川家康入主江户后，增上寺在庆长三年（1598）迁到现在的地址，之后又有6位将军陆续葬于此地，都修建了壮观豪华的祠堂。可惜的是，这些祠堂和正殿后来受到战火的波及被烧为一片灰烬。"二战"后，寺内大部分荒地都被卖掉，增上寺就变成如今我们看到的规模。三解脱门是江户时代重要的文化遗产，从它那气派的建造规格，我们可以感受到德川家族对增上寺的悉心守护，增上寺原先所拥有的广阔、华丽的建筑规模也不难想象。

DATA / 三解脱门
竣工：1662/设计：不详/所在：港区芝公园4-7-35

有章院灵庙·二天门。有章院是第七代将军德川家继的祠堂，其华丽程度不输日光东照宫的建筑群。有章院在战火中被烧毁，仅此天门保存下来。因门的两侧供奉着广目天和多闻天，因此被称为二天门。

台德院灵庙·惣门。台德院是第二代将军秀忠的祠堂，这里也因战火损毁严重，只留下了四座大门。只有作为祠堂正门的惣门留在原址，其他三座大门被迁至埼玉县所泽市。

三解脱门。增上寺的三门（三解脱门）为两层都设有屋顶的二重门形式。据说，穿过这道门就能从三毒（即贪、嗔、痴三种烦恼）中解脱出来。

高轮—白金

TAKANAWA · SHIROKANE

拥有众多寺庙和坡道的台地，
知名建筑遍布各地

　　高轮—白金一带拥有众多寺庙和坡道。跟三田地区一样，从江户时代开始，这片台地放眼望去都是广阔的大名屋敷，到了明治，则成为皇族和华族的宅院。虽然高轮—白金也是深受上流人士青睐的高级住宅区，但这片台地的洼地却被规划出来，建造了密密麻麻的小型木造住宅，可见也有其平民化的一面。

占地11200坪。建成于明治四十一（1908）年的岩崎家高轮别邸，现作为三菱集团的俱乐部"开东阁"使用。不对外开放。

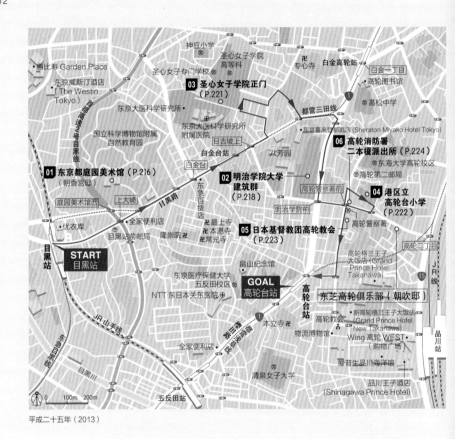

惠比寿 Garden Place

东京威斯汀酒店
（The Westin
Tokyo）

神应小学

圣心女子学院
高等科

卍
专心寺

白金高轮站

白金一丁目

高轮图书馆

圣心女子专门学校

03 圣心女子学院正门
（P.221）

高松中学

东京大医科学研究所

国立科学博物馆附属
自然教育园

东京大医科学研究所
附属医院

日吉坂上

都营三田线

● 东京喜来登都酒店（Sheraton Miyako Hotel Tokyo）

06 高轮消防署
二本榎派出所（P.224）

● 东海大学高轮校区

01 东京都庭园美术馆（P.216）
（朝香宫邸）

白金台站

白金台

八芳园

● 高轮第二邮局

04 港区立
高轮台小学
（P.222）

庭园美术馆西

上大崎

目黑路

东急百货店

02 明治学院大学
建筑群
（P.218）

高轮警察署前

明治学院前

高轮警察署

优衣库

目黑站前邮局

卍最上寺
卍本愿寺
卍常光寺

隆崇院卍

05 日本基督教团高轮教会
（P.223）

高轮二丁目

JR线

目黑站

START
目黑站

东京医疗保健大学
五反田校区

NTT 东日本关东医院

畠山纪念馆

GOAL
高轮台站

高轮格兰王子
大饭店（Grand
Prince Hotel
Takanawa）

东芝高轮俱乐部（朝吹邸）

● 新高轮格兰王子大饭店
（Grand Prince Hotel
New Takanawa）

Wing 高轮 WEST（购物广场）

本立寺卍

高轮教会

物流博物馆

● 爱普生品川海洋馆

全家便利店

清泉女子大学

品川王子酒店
（Shinagawa Prince Hotel）

JR 山手线

目黑川

五反田站

品川站

0　100m　200m

平成二十五年（2013）

明治学院大学建筑群

港区立高轮台小学

高轮消防署二本榎派出所

日本基督教高轮教会

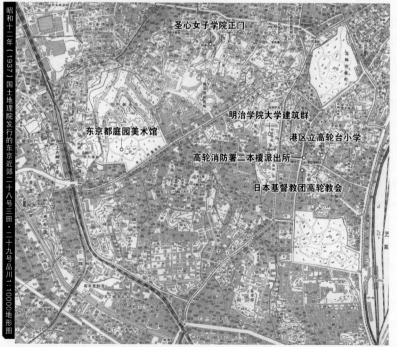

昭和十二年（1937）国土地理院发行的东京近郊二十八号三田·二十九号品川1：10000地形图

圣心女子学院正门

明治学院大学建筑群

东京都庭园美术馆

港区立高轮台小学

高轮消防署二本榎派出所

日本基督教团高轮教会

AREA 17 高轮——白金

213

追溯高轮—白金的历史

HISTORY OF TAKANAWA · SHIROKANE

曾经遍布寺院的高轮和学校建筑众多的白金

　　高轮地区曾经是寺院的集中地。以赤穗浪士墓地所在的泉岳寺为首，这里自江户时代以来，诸多有背景的寺院遍布各处，时至今日我们仍能找到当时的影子。再去查看一下《尾张屋版江户局部图》的话，你就会发现这里大名屋敷和寺院神社连成一片。局部图里标注的"二本榎"这条路，相当于现在高轮消防署二本榎办事处前面的南北走向的尾根道。据说，当时这条路被称作"高绳手道"，意为"台地上的一条直路"，而"高轮"这个地名就是起源于"高绳"[1]。据说在16世纪末，德川家康也是经由此道入主江户城的，可见历史相当悠久。我们可以一边漫步，一边在脑海中描绘当时的历史场景，也是别有一番乐趣。

　　如今都内首屈一指的高地住宅区"白金大道"所在的白金地区，曾经到处都是豪宅大院，现在大多数都变成了高级公寓和写字楼。所幸还是有许多明治、大正和昭和初期的知名建筑保留了下来，如明治学院大学和圣心女子大学等学校建筑群，还有旧朝吹邸（东芝高轮俱乐部）、旧朝香宫邸（东京都庭园美术馆），等等。其中，明治二十二年（1889）从筑地的居留地迁来白金的明治学院校区内，还留有被指定为重要文化遗产的英布里馆（Imbrie Pavilion）等重要建筑群。

明治20年代拍摄的泉岳寺。泉岳寺是掌管江户府内曹洞宗寺院的"江户三箇寺"[2]之一。

---

1. "高轮"中的"轮"字在日语中发音为"NAWA"，跟"绳"的发音是一样的。
2. 就是"江户三大寺院"的意思。

装饰艺术（法Art Déco）

适用于任何建筑的"装饰手法"

　　装饰艺术可谓20世纪20至30年代工业化社会的文化结晶，是一种装饰美术的潮流。"Art Déco"这个词源自1925年在巴黎召开的"现代装饰美术·产业美术国际博览会（Exposition Internationale des Arts Décoratifs et Industriels Modernes）"，这个博览会后来被人们简称为"Art Déco"。对于装饰艺术，人们喜欢用"以几何图案为主题的抽象表现"来描述它，其实它的具体装饰形态五花八门，很难一言概之。装饰艺术风格常见的要素，可以给出以下关键词："反复""相似""Zigzag·锯齿形""波纹""旋涡""不同材质的碰撞""速度感"等。

　　装饰艺术给1930年前后的纽约摩天大楼带来巨大的影响，出现了一批像克莱斯勒大厦（1930，Chrysler Building）和帝国大厦（1931，Empire State Building）这样的"装饰艺术风格摩天大楼"。而在日本的大正末期至昭和初期，装饰艺术极其盛行，当时新建的百货商店等商业设施或多或少会采用装饰艺术风格的设计。

　　装饰艺术盛行的主要原因在于，它并不是一种建筑样式，不会去要求建筑的架构如何，也就是说，它是一种适用于所有建筑（"帝冠式"也不例外）的"装饰手法"。从这个意义上讲，"装饰艺术样式"这种说法并不恰当。

停泊于横滨一山下公园的冰川丸号（船）的楼梯间。室内装潢采用装饰艺术特色的几何学设计，十分出名。

名建筑观光指南

01 东京都庭园美术馆（朝香宫邸）

　　装饰艺术博览会（1925）召开之时，身为皇族的朝香宫夫妇也在巴黎。他们参观了这次博览会，并被那些时尚设计所折服。于是，朝香宫夫妇回国后就修建了这座装饰艺术风格的宅邸。负责宫廷建筑相关事宜的机构——宫内省内匠寮，当时邀请了亨利·拉帕恩（Henri Rapin）进行室内装潢的设计。拉帕恩既是装饰艺术博览会的举办人，又是一位法国设计师。玻璃工艺家雷乃·拉利克（René Lalique）也参与了室内装饰的工作，正门大厅的门扇上装饰的性感玻璃女神像就是他的作品。另外，大客厅尽头小房间里，绽放着优雅光芒的香水塔（国立塞夫尔[3]制作所制作）也是看点之一。二楼家族起居室和卧室的室内装潢则由宫内省内匠寮负责设计，装饰艺术中带有日式风格的要素，整体显得格调高雅。

DATA
竣工：1933/设计：H. 拉帕恩+宫内省/地址：港区白金台5-21-9

弓形窗向外凸出的大餐厅。阳光穿透六扇相连的窗户射到天花板后又折射下来，照得室内极其明亮。

_____

3. 法语为"Sèvres"。

庭院一侧的外观是没有多余装饰的国际式（International Style）风格。

正面大门一侧。穿过白色门廊走进馆内，眼前是一片丰富多彩的装饰艺术世界。

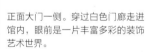

大客厅的天花板装饰着由雷乃·拉利克制作的枝形吊灯——布加勒斯特（Bucure ti）。客厅尽头是法国海军赠送的"香水塔"，闪着乳白色的光芒。

02 明治学院大学建筑群

　　2013年迎来150周年校庆的明治学院大学，其历史可以追溯到文久三年（1863）詹姆斯·柯蒂斯·赫本（James Curtis Hepburn）在横滨开办的赫本私塾。港区白金台的校区里还能看到明治二十年（1887）前后的建筑物，都是该校从筑地迁建至此后修建的。被指定为国家重要文化遗产的英布里馆是校区创建时期的建筑物，当时是传教士的住宅。明治二十三年，作为神学部校舍兼图书馆的明治学院纪念馆建成，最初是整体砖砌的新哥特式建筑，后来在关东大地震中受损，因此改建成半木构造建筑[4]（half timbering）。在日本留下众多作品的沃利斯所设计的礼拜堂如今仍在使用。

DATA / 英布里馆（传教士馆）
竣工：1889年前后（1964）/设计：不详/地址：港区白金台1-2-37

作为传教士住宅修建的英布里馆。美式独立住宅风格的建筑。

---

4. 一楼多采用砖石构造，二楼以上则完全采用木构造。其特色主要突显在二楼以上的木构造，
　柱梁系统会外露或者转变为木造线条作为立面装饰。

线条灵动的英布里馆楼梯间。

由沃利斯设计的礼拜堂于大正五年（1916）竣工。沃利斯夫妇还在这里举行了结婚典礼。昭和六年（1931）增建了袖廊，整体平面呈十字架形状。

明治学院纪念馆竣工于明治二十三年（1890），相传是美国传教士亨利·莫尔·兰蒂斯（Henry Mohr Landis）教授设计的。一楼为砖砌，二楼则为木造，充满了如画般的魅力。但该建筑最初整体都是砖砌。由于明治二十七年（1894）的地震中受损严重，后将该建筑的二楼改建成木质结构。

03 圣心女子学院正门

以广岛原爆圆顶馆（旧广岛县产业奖励馆·1915）等设计而闻名的捷克建筑家简·勒泽尔（Jan Letzel），在明治四十二年（1909）设计了圣心女子学院的校舍和修道院。令人遗憾的是，这些校舍和修道院在地震中被烧毁，只剩下了这座正门。上方覆盖着龟甲状的瓦片，是一座散发着古典气息的西式大门，但又隐约流露出日式风情。这座大门建造之时位于现址往上100米左右的大街上，昭和十年（1935）前后迁到了现在的位置。

DATA

竣工：1909/设计：简·勒泽尔/地址：港区白金4-11-1

分离派的轻盈外观与通道两旁的绿化带相得益彰。

04 港区立高轮台小学

关东大地震后修建的"复兴小学"最后一期校舍，由大型窗户和直线型设计构成，被誉为现代主义建筑的先驱。钢骨桁架建造的体育馆实现了"无柱空间"，等等，建筑中随处可见合理的设计手法。负责施工的上远喜三郎也是肯德尔的弟子。

DATA
竣工：1935/设计：东京市/地址：港区高轮2-8-24

到昭和十三年（1938），共建成171所复兴小学。最初表现派的设计占据主流，但在昭和十年前后变为现代主义风格，该校舍在当中可谓出类拔萃。

不采用柱式设计，实现了体育馆的偌大空间。

05 日本基督教团高轮教会

　　设计者是冈见健彦，昭和三至五年，他在建筑工坊塔里埃森（Taliesin）跟随弗兰克·劳埃德·赖特学习，回国后于昭和七年成立了建筑事务所。冈见本身就是这所教会的会员，理所当然地接受了该建筑的设计工作。也许是冈见当时回国并没多久，谨遵赖特的教诲进行的设计，一看建筑就知道是受到了赖特的深刻影响。深得赖特真传的考究设计，在日本的教会建筑中也是享有极高声誉的建筑物。

DATA

竣工：1932/设计：冈见健彦/地址：港区高轮3-15-15

与赖特设计的"自由学园明日馆（p.152）"外观相仿。

06 高轮消防署二本榎派出所

　　一楼和二楼的转角部分采用弧形设计，三楼设置有圆形礼堂，上面还搭建了圆筒形的防火瞭望楼，该建筑整体呈现曲线和曲面的表现主义设计，颇具特色。由于当时消防署隶属警视厅管辖，设计也是由警视厅营缮系[5]的越智操担任的。外墙虽用瓷砖装贴，但是正门却用石板，营造出一种厚重感。瞭望台上的蓝色天线是昭和五十九年（1984）增设的。

DATA
竣工：1933/设计：越智操/地址：港区高轮2-6-17

虽然地震后，都内各地都兴建了钢筋混凝土结构的消防署，并配有防火瞭望台。但是"二战"前修建的消防建筑中，留存至今的只有这座高轮消防署。

---

5. 负责警视厅建筑的营造和修缮。

品川
SHINAGAWA

从山丘上走到海边，
寻找旧东海道的痕迹

　　从高轮往南，就是品川。品川是"东海道五十三次"[1]的第一个驿站，作为江户屈指可数的"游兴地（红灯区）"而远近闻名。像旧岛津侯爵府邸和旧原府邸这些山丘上的洋馆，都是"屋敷町"的遗构，游览的时候一定不能错过。虽说现如今当时的光景已难再寻，但大家不妨试着从山丘上漫步至临海地区，欣赏沿途街景的同时感受一下昔日品川驿站的余韵。

明治30年代的品川沿海退潮后的情景。周边地区也进行海苔养殖等作业。

---

1. 指的是日本江户时代，从江户日本桥至京都三条大桥间，东海道上设置的53个驿站。

0　100m　200m

晶山纪念馆

NTT 东日本关东医院

高轮台站

高轮台
地区医疗功能
促进机构
东京高轮医院

国际馆（Pamir）

高轮格兰王子大饭店

东京樱花塔王子酒店
（The Prince Sakura Tower Tokyo）

JR 山手线—东海道本线

JR 横须贺线

东海道新干线

NTT 品川
TWINS
（写字楼）

都营浅草线
樱花路

本立寺

宝塔寺

新高轮格兰王子
大饭店

高轮教会

物流博物馆

Wing 高轮店

WEST（购物广场）

品川税务署

京急本线

SHINAGAWA GOOS

START
品川站

品川站

JR 品川 Grand Commons

品川 Intercity

02 清泉女子大学（P.232）

爱普生品川海洋馆

品川王子酒店
(Shinagawa Prince Hotel)

京急本线

鹤羽药妆

7-11 便利店

fooddium

日野中学

Three-F 便利店

索尼 4 号馆

御殿山 SH 大楼

全家便利店

索尼历史资料馆

八之山桥

三菱开东阁

Garden City
品川御殿山

御殿山小学

御殿山小学前

御殿山派出所前

新八之山桥

北品川站

北品川邮局

JR 山手线

目黑川

山手路

东京新大谷旅馆
(New Otani Inn Tokyo)

大崎站

大崎 New City

大崎医院东京心脏中心

御殿山 Garden

01 原美术馆（P.230）

东京
Laforet
酒店

翡翠原石馆

JR 山手线—横须贺线

东海道新干线

GOAL
北品川站

平成二十五年（2013）

---

2. 日语为"地域医療機能推進機構東京高輪病院"，前身是"せんぽ東京高輪病院"。

清泉女子大学

原美术馆

昭和十二年（1937）国土地理院发行的东京近郊二十九号品川 1:10000地形图

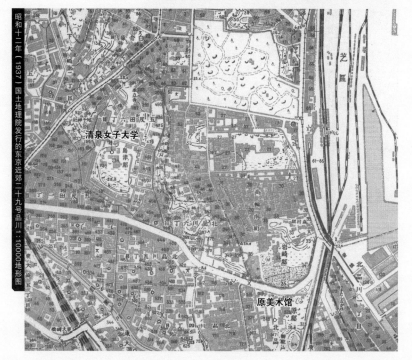

清泉女子大学

原美术馆

追溯品川的历史

HISTORY OF SHINAGAWA

"东海道五十三次"第一个驿站，极其繁荣的红灯区

庆长六年（1601），品川港附近设置了"品川宿"，这个驿站与日本桥相距2里[3]，是东海道五十三次的第一个驿站，渔业和海运十分发达。由于距离江户也近，品川就成了老百姓们赏花和捡贝壳的游玩之地，不仅如此，这里更是聚集了众多"饭盛旅笼"[4]和"游郭"[5]，在"江户四宿"[6]中也是最繁华的红灯区。虽然都有以男性顾客为服务对象的"饭盛女"[7]，其人数每个驿站都各有不同，但比起板桥、千住、内藤新宿的150人，品川一个就高达500人。然而，据说天保十五年（1844）道中奉行[8]查处红灯区之时，品川驿站竟有1348个饭盛女被举报出来，可想而知当时规模有多宏大，着实令人咂舌。

宽永六年（1853），马休·卡尔布莱斯·佩里[9]（Matthew Calbraith Perry）率领舰队来到日本之时，幕府为保卫江户，下令挖掘八之山和御殿山的土，在近海建筑炮台。以此为契机，品川的浅滩逐渐被填埋，海岸线也慢慢地向海上延伸。到了明治，田中制作所（东芝的前身）在这片填海造地的区域开设工厂，这一带就逐渐演变成工业地区。

如今，为在北品川商业街重现昔日驿站街的景观，开展了一系列工程，把电线埋入地下，铺设旧东海道的石板路及设置路灯，等等。一到休息日，便有不少人到此体验旧街道风情，很是热闹。

大正时代中期的品川站周边，已有多条线路通行。大正三年，东京站到高岛站（现在的京滨东北线）之间有电车运行。

---

3. 这里的"里"为日本的距离单位，1里≈3.927km。
4. 日语是"飯盛り旅籠"，是一种提供饭菜、住宿以外还提供性服务的客栈。
5. 烟花巷，妓院区。
6. 千住宿、板桥宿、内藤新宿和品川宿。
7. 日本江户时代在旅馆为顾客盛饭或干杂务的女人，也从事卖淫。
8. 江户幕府的一种官职。
9. 美国东印度舰队司令。

Area Topics

渡边仁

设计以廊柱为基调的建筑而闻名，可谓名家中的名家

说到"二战"前的日本建筑家，能被冠以"名家"或"名人"的称号的，只有两位。一个是明治生命馆的设计者冈田信一郎；另一个就是原美术馆的设计者渡边仁。

渡边仁出生于明治二十年（1887），1912年从东京帝国大学工科大学建筑学科毕业。毕业以后，渡边本想创建自己的设计事务所，却遭到父亲的反对，只好去铁道省任职。之后他又转去递信省工作，直至大正九年（1920）才开设了自己期望已久的事务所。事务所成立以后，先后设计了不少"二战"前具有代表性的知名建筑，如昭和二年（1927）的新格兰酒店（New Grand Hotel）（p.257）和昭和七年（1932）的服部钟表店（p.026）。其作品的共通点就是，在采用以廊柱为基调的古典主义样式的同时，又大胆地省去细节装饰，追求现代化。把这一点发挥到极致的，就是昭和十三年（1938）的第一生命馆。10根廊柱、八层楼建筑的设计与冈田信一郎的遗作——明治生命馆相同，但是第一生命馆却舍弃了一切建筑样式的装饰。如果说明治生命馆是依赖装饰的古典主义的最高杰作，象征着样式建筑的顶峰，那么渡边的第一生命馆则彻底舍弃装饰，宣告样式本身的终结。

虽然昭和十二年（1937）竣工的东京国立博物馆本馆（p.104）在渡边仁的作品当中算是特例，但渡边仁的设计还是在当时的设计竞赛中力压群雄。从体现日本传统的东京国立博物馆本馆到超前卫的原美术馆，不管什么样的风格都运用自如，这就是名家中的名家——渡边仁。

面朝日比谷护城河的第一生命馆。现在是DN大厦21。

名建筑观光指南

01 原美术馆（原邸）

　　活跃于大正及昭和初期的实业家原邦造的宅邸，设计者是渡边仁。渡边是精通各种风格的名家，该建筑是他挑战现代主义宅邸的得意之作。从入口一侧所看到的建筑外观，呈直线和流线形的结构组合，有如现代雕刻般的美感。一踏进馆内，你就会看到集现代主义精华于一身的大厅，那划出优美弧线的楼梯，具有象征性的大理石圆柱，以及格状的玻璃墙，美得简直让人无法形容。在大厅尽头轻轻一拐，沿着走廊前行，就会来到呈半圆形向外突出的日光浴室（早饭厅）。据说这个玻璃窗环绕的房间是原邦造夫人最喜欢的地方，每天早晨在阳光的沐浴下享受早餐是她最期待的事情。20世纪30年代，已经出现了各种各样的前卫设计，它们都力图从样式主义中破茧而出，而渡边则把这些设计融为一体并完美地展现出来，该建筑可谓渡边仁风格的现代主义建筑之杰作。

DATA
竣工：1938/设计：渡边仁/地址：品川区北品川4-7-25

中庭一侧的外观。左侧划出平缓弧形的建筑是家人的生活场所，右侧的平房是家政事务所。

半圆形的早餐厅。据说，以前从这里可以看到品川的海面。

正面大门一侧。半圆形门廊沿墙面水平延伸，建筑呈曲面，上面建有塔屋，这些设计让人联想到客轮。

楼梯间。透过窗户照进来的光使黑白对比更加鲜明。只有现代主义风格才能实现的考究设计。

02 清泉女子大学（岛津侯爵邸）

　　该建筑原为旧萨摩藩的岛津忠重侯爵的宅邸，昭和三十六年（1961）开始作为清泉女子大学的本部使用。这栋建筑外观最具特色的便是担任设计的约西亚·肯德尔钟爱的南侧的阳台，肯德尔以文艺复兴样式为基调，一楼采用托斯卡纳柱式，二楼采用带有爱奥尼亚柱式柱头的廊柱，装饰出一个典型的古典主义风格的阳台。中央部分呈曲面向外凸出，又给阳台增色不少，说是肯德尔晚期巅峰之作的"终极阳台"也不为过。馆内格调高雅的装潢品位，也达到了日本建筑家无法企及的高度。

DATA

竣工：1917/设计：约西亚·肯德尔/地址：品川区东五反田3-16-21

建筑物中部及墙面向外凸出，托斯卡纳柱式和爱奥尼亚柱式的廊柱沿着曲面优雅地排列。

装饰着精细浮雕的客厅天花板。

以前的大餐厅现在作为礼拜堂在使用。

一楼大厅的厚重楼梯。背景中的彩绘玻璃也极其精美。

文艺复兴样式的厚重外观。两层阳台圆柱相连，从此设计可以看出康德尔手法之精美纯熟。现清泉女子大学面向个人设有馆内开放日。

两国—浅草
RYOGOKU · ASAKUSA
引领大众文化的平民区，
隅田川沿岸的"下町"

　　两国地区从江户时代就盛行相扑比赛，可谓相扑之街。再踏进小巷里一看，这里到处都是相扑俱乐部和相扑火锅的餐馆，或许还能遇到身着和服便装的相扑选手。作为浅草寺的门前町繁荣至今的浅草地区，到了明治则成为曲艺、电影等新兴大众文艺的发源地，从雷门[1]延伸出去的"仲见世"[2]有来自世界各国的游客，人来人往，热闹非凡。

明治40年代的浅草6区。出现了小剧院和18世纪英国发明的供人欣赏全景画（panorama）的全景馆。照片中间的是凌云阁。

1. 浅草寺的山门。
2. 指神社、寺院院内的商店，主要以参拜的客人为对象，销售纪念品等。东京浅草寺前的商业街最具代表性。

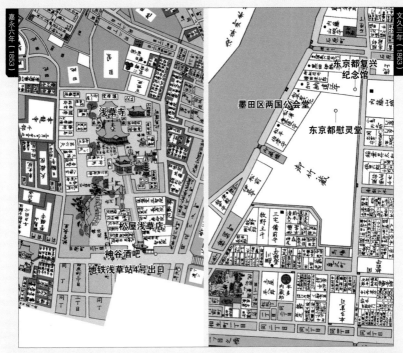

浅草寺

松屋浅草店

神谷酒吧

地铁浅草站4号出口

东京都复兴
纪念馆

墨田区两国公会堂

东京都慰灵堂

浅草寺觀音堂

松屋浅草店

神谷酒吧

地铁浅草站4号出口

东京都复兴
纪念馆

东京都慰灵堂

墨田区两国公会堂

追溯两国·浅草的历史

HISTORY OF RYOGOKU·ASAKUSA

相扑与镇魂之街的两国，大众文艺百花齐放的浅草

两国地区位于武藏和下总两国[3]交界处，因此得名"两国"。这里自江户时代开始相扑比赛就十分盛行。当时，回向院寺内有临时搭建的小屋用于相扑比赛，明治四十二年（1909），在辰野金吾的设计下，两国国技馆也建在这块土地上。

后来，国技馆连遭火灾、地震和空袭，烧毁后又多次重建，虽昭和二十九年（1954）迁至藏前，但在昭和六十年（1985）又在两国修建了新国技馆。回向院是祭奠明历大火遇难者的寺院，加上祭奠关东大地震和东京大空袭遇难者的东京都慰灵堂，可见两国地区也有"镇魂之街"的一面。

浅草地区作为信仰之地、游乐之地，自江户时代开始就非常繁华。但是浅草开始受到全国性的关注，还是在大众文艺兴起的明治以后的事情了。作为东京最早的都市公园修建起来的浅草公园分为6个区，凌云阁（1890）就建在最繁华的第6区。这栋16层的建筑内还配备有日本最早的电梯，使其成为地标性建筑。之后，小剧院、全景馆、电影院等众多新兴娱乐设施也陆续开业，浅草便逐渐发展成东京屈指可数的信息传播中心。如今，新地标性建筑——东京天空树（东京晴空塔）更是使浅草人气高涨。

辰野金吾设计建造的旧两国国技馆。馆内包括1000个枡席[4]在内，可容纳13000人。

---

3. 这里的"国"指的是令制国，是旧时日本在律令制下所设置的地方行政区划，自奈良时代开始实施，直到明治初期的废藩置县为止。相当于中国古代的地方单位的州、道，抑或是行省的行政单位。

4. 包厢席，相扑场间隔成方形的观众席。

关东大地震与后藤新平

担任帝都复兴院总裁，积极推进灾后复兴都市计划

　　首都圈在关东大地震中受灾严重，死亡和失踪人员多达14万人。地震第二天，也就是1923年9月2日，后藤新平就任内务大臣，主持灾后重建事宜。因余震不断，而进行第2次山本内阁授任仪式当晚，就任新内相的后藤对自己的根本策略总结如下："①不应迁都；②需要30亿日元进行灾后重建；③采用欧美最新的都市计划，打造出适合日本的新首都；④为实施新都市计划，必须对地主采取强硬的态度。"（鹤见祐辅《后藤新平》第4卷，后藤新平伯传记编纂会刊，1938）又汇总成"帝国复兴之议"，提交9月6日的内阁会议审议。后藤为把灾后重建事业作为国家事业推进，设立了帝都复兴院并亲自担任总裁。震前的1921年，当时还是东京市市长的后藤发表了《东京市政要项》，该计划包括了道路、下水道、公园、学校等15个项目的城市基础设施修建，费用预算约为8亿日元。这个庞大的构想虽然遭人批判"痴人说梦"，但也可以看出，作为灾后复兴都市计划负责人的后藤，他的决心也非同一般。

　　最终，后藤的帝都复兴计划由于障碍重重，规模大幅缩水，但是，以两国地区为首的下町（工商业区）一带的区划整理还是断然执行，能够应对大地震再袭的基础设施顺利修建。实现了"转祸为福"这句格言的后藤，确实厥功至伟。再回想当时计划规模遭到缩减，着实令人感到可惜。

日据时期曾任台湾总督府民政长官、满铁总裁、内务大臣、东京市市长等职的后藤新平。

名建筑观光指南

01 浅草寺

　　浅草寺是东京都内最古老的寺院，其历史要追溯到飞鸟时代的628年。镰仓时代，历代将军均在此皈依，使寺院越发庄重威严。天正十八年（1590），德川家康把该寺定为幕府的祈愿所。浅草寺曾几度烧毁，后来第三代将军德川家光重建了五重塔和正殿。得益于德川将军家的援助，该寺的堂塔[5]也愈发宏伟，吸引了众多信徒到此观音圣地参拜。遗憾的是，浅草寺境内的堂塔大多在战争中烧毁。不过，"二战"前被指定为国宝的正殿经过重建，基本上还原了当时的面貌。我们能够观赏到屋顶飞檐高翘，魄力十足。另外，寺内也有二天门（1618/重要文化遗产）和传法院（客殿·1777）等建筑在战争中幸免于难，保存了下来。

DATA / 二天门
竣工：1618/设计：不详/地址：台东区浅草2-3-1

正殿。德川幕府第三代将军家光下令修建（1644）的正殿被战火烧毁，昭和三十三年（1958）依照原型重建为钢筋混凝土结构。

_____

5. 殿堂和佛塔。

五重塔。因战火烧毁，于昭和四十五年（1970）重建。

二天门据说是当初位于寺内的东照宫的随身门[6]。现在的二天门为安庆二年（1649）前后修建的。重要文化遗产。

传法院。浅草寺的本院。照片中的建筑物为明治四年（1871）修建的大书院。前面是小堀远州建造的回游式庭园，十分宽阔。不对外开放。

---

6. 左右两边设有守护神像的神社大门。

02 东京都慰灵堂（震灾纪念堂）

为安置大正十二年（1923）9月1日的关东大地震中遇难的58000具遗骨，修建了这座纳骨堂。修建之地为陆军被服工厂遗址。地震时这里是公园预定地，有数万人逃到这片空地避难，不想却卷入大火丢掉了性命。这座纳骨堂最初被命名为"震灾纪念堂"，后来与昭和二十年（1945）的东京大空袭中的遇难者（约10.5万人）遗骨合祀，因此更名为"东京都慰灵堂"。设计者是曾设计过筑地本愿寺（p.038）等建筑的伊东忠太。佛堂的偌大空间和门廊，以及造型独特的佛塔，不带有特定的信仰和宗教色彩，可以说是伊东倾注自己的灵魂所打造出来的祈祷空间。

DATA

竣工：1930/设计：伊东忠太/地址：墨田区横纲2-3都立横纲公园内

正殿青铜制的厚重大门。

伊东所擅长的怪诞装饰的照明灯。

后方耸立着造型独特的三重塔，融合了多种寺院的建筑样式。从建筑上方俯视呈十字架的形状，这样的设计应该是作为慰灵堂，所以对每个宗教派别都有所考量的结果。

堂内。两侧的侧廊墙壁上挂着描绘关东大震灾情况的油画，作品主题连续。

03 松屋浅草店

松屋浅草店是东京最早的车站、百货公司综合体，竣工于昭和六年（1931）。该建筑的外墙整修后保持了很长时间，后来为配合东京天空树的开业，东武铁路公司将其复原为创业当初时的模样。车站和百货公司融为一体的"Terminal Building"在当时可谓划时代的设计，"二战"后西武、小田急、京王等公司也陆续导入该模式。从正面看可能看不出来，其实该建筑有近150米长，车站月台一直延伸至二楼。现在由于乘客数量增加，电车连接的车厢也越来越长，月台的长度甚至超过了该建筑。

DATA
竣工：1931年（2012）/设计：久野节/地址：台东区花川户1-4-1

建筑外观散发着昭和初期的百货商场的气息。内部的楼梯间等部分保持了原样，现在仍在使用。

04 地铁浅草站

　　东京地铁银座线4号出口通称"赤门"，为引入浅草寺的氛围，采用寺院风格的燕尾脊[7]屋顶的四脚门[8]结构。背面的栿条上有"地下铁"的装饰艺术风格的文字，给人非常时尚的印象。设计者今井兼次曾考察过欧洲地铁，上野至浅草4站均是他的设计作品。昭和二年（1927）投入运营的银座线是日本最早的地铁，当时的宣传海报上有这样一句广告词——"东洋唯一的地下铁道"。

DATA
竣工：1929/设计：今井兼次+大仓土木/地址：台东区浅草1-1-3

符合浅草风格的鲜艳的朱漆建筑。4号出口是吾妻桥方向的出口。

7. 正脊两端线脚向外延伸并分叉。
8. 日本的大门建筑样式之一。门柱的前后设有4根戗柱，加上门柱有6根柱子。

05 东京都复兴纪念馆

　　与东京都慰灵堂相同，都建于横纲公园内。担任纪念馆设计的也是伊东忠太，外墙贴的是大正末期开始流行的沟纹砖，窗框等处采用了F.L.赖特风格的几何图案设计，再加上东洋风情的屋顶，可说是汇聚了那个时代现代主义建筑之精华。

DATA
竣工：1931/设计：伊东忠太+佐野利器/地址：墨田区横纲2-3都立横纲公园内

正门上方的4根柱子上可见怪物装饰，是罗马式风格的建筑。

06 墨田区两国工会堂（本所公会堂）

　　该公会堂由安田财阀捐赠修建，是大地震灾后重建事业中的一环。设计者是森山松之助，他留下了许多现代主义风格的设计作品。虽然规模大相径庭，但该建筑的外观确实会让人联想到伦敦的圆形剧场——皇家阿尔伯特音乐厅（1871）。我真心希望这座灾后重建的纪念性建筑能够作为两国地区的珍贵设施保留下来。

DATA
竣工：1926/设计：森山松之助/地址：墨田区横纲1-12-10旧安田庭园

巨大的圆屋顶令人印象深刻。馆内大厅也是圆形。现在由于建筑老化，处于闭馆状态。

07 JR两国站

两国站是开往房总方向的始发站，因此客流量和货流量都很庞大，在昭和初期的东京火车站中，运营收入排名第6位。铁道省建筑课设计建造的这座钢筋混凝土结构的车站大楼，比上野站还要古老，拱形窗的设计却显得外观十分前卫。"二战"前由铁道省和递信省等政府机构设计建造的建筑物中，多数都是采用现代主义风格，省去了多余的装饰，设计十分考究。

DATA
竣工：1929/设计：铁道省/所在：
墨田区横纲1-3-20

这座"二战"前车站采用三个连续的拱形窗，这种表现派设计令人印象深刻。现在作为餐厅使用。

08 神谷酒吧

该建筑采用了分离派风格的轻盈外观，这是大正时期日本建筑界流行的时尚设计，容易产生亲近感。大正十年（1921）竣工之时，这种钢筋混凝土结构的四层商业建筑还相当少见，关东大地震时也未倒塌，足见它的坚固程度。该建筑的三楼和四楼在东京大空袭中被烧毁，经过修复后一直屹立于浅草大街，现在作为餐饮大楼仍在使用。

DATA
竣工：1921/设计：清水组/地址：台东区浅草
1-1-1

创业于明治十三年（1880），是日本最早的酒吧。以白兰地为基酒调制的鸡尾酒"电气白兰地"相当有名。尽管多少有所改变，但如今仍是人们所熟知的浅草具有代表性的建筑。

COLUMN

横跨于隅田川之上的大桥
BRIDGES of the SUMIDA RIVER

在东京都北区岩渊水门与荒川分流的隅田川上，现在架设有25座公路桥，7座铁路桥，以及高速公路和"生命线[9]"（管道桥）专用桥各3座。其中半数以上都是大正十二年（1923）关东大地震以后重建或新建的桥梁。地震灾后重建中桥梁工程的展开，使隅田川上架起了一座座绚丽多彩的大桥，堪称"桥梁博物馆"。这些大桥不仅凝聚了当时最先进的技术，同时也是城市里的一道风景线，人们也重新认识到这些文化遗产的重要性。

清洲桥（1928）

清洲桥同样也是最受重视的震灾复兴桥，悬索桥（吊桥）给人纤细的印象。这是架于德国莱茵河之上的自锚式悬索桥——科隆桥的缩小版，国家指定重要文化遗产。

永代桥（1926）

最受重视的"震灾复兴桥"之一。架设于视野开阔的荒川河口，与所处地理位置相符的气势磅礴的均衡臂式拱桥（Balanced Arch Bridge）。永代桥是国家指定重要文化遗产。

胜哄桥（1940）

胜哄桥是一座可以从中间打开的活动桥，但在昭和五十五年（1980）最后一次开启后就再未打开过。大桥两端壮观的实肋拱，使景观更为刚劲有力。胜哄桥是国家指定重要文化遗产。

---

9. 指关系到生存的电、水、天然气等必需物资的补给运输。

驹形桥（1927）

大桥中间的桥拱在公路上方，左右两侧的桥拱则在公路下方，是一座变形拱桥。巨大的半圆形桥墩是其景观亮点。

吾妻桥（1931）

上承式三连拱桥。震灾复兴桥的桥墩多为国家复兴局负责修建，只有吾妻桥、厩桥、两国桥这三座桥是由东京市负责修建的。

吾妻桥
驹形桥
厩桥
藏前桥

厩桥（1929）

韵律感十足的下承式三连拱桥，设计颇具个性。是东京市架设的桥梁之一

清洲桥

永代桥

胜哄桥

藏前桥（1927）

与吾妻桥同为下承式三连拱桥，显出良好的平衡感。艳丽的黄色是其景观亮点。

AREA 19 两国—浅草

251

横滨（关内）
YOKOHAMA(KANNAI)
展现近代日本繁荣历史的
著名建筑群

横滨村直至江户时代末期都还只是个半农半渔的穷乡僻壤之地，后来佩里率领舰队来日要求开放港口。以此为契机，横滨发生了翻天覆地的变化。作为日本对外开放的门户，这个港口城市国际化色彩非常浓厚，以外国人居留地的"关内"为中心一直发展至今，我们能在这里看到众多明治至昭和初期的著名建筑，聆听它们述说横滨的繁荣历史。

佩里率领的黑船登陆横滨的情景。

横滨世界港购物中心 •
（World Porters）

Circle Walk

万国桥

2号馆

红砖公园

06 横滨红砖仓库（P.262）

万国桥

1号馆

北仲桥

横滨第二综合办公大楼

新港桥

08 帝蚕仓库事务所
（P.264）

START 马车道站

海岸路

神奈川县警察本部

10 横滨税关本关厅舍（P.265）

本町四丁目

横滨港

马车道站

05 神奈川县政府本厅舍（P.261）

07 神奈川县立历史博物馆
（P.263）

神奈川县政府新政府大楼

09 横滨开港资料馆（P.264）

水上警察署

旅游招待所（Resthouse）

马车道

马车道

关内站

02 横滨市
开港纪念会馆
（P.258）

日本大道站

大栈桥入口

03 冰川丸（P.259）

山下公园

关内站

尾上町

04 日本基督教团
横滨指路教会
（P.260）

日本大道

横滨蒙特利酒店
（Hotel Monterey
Yokohama）

港未来线

山下公园路

横滨市政府

横滨公园

11 户田和平纪念馆（P.266）

16

吉田中学

横滨体育场

01 新格兰酒店本馆（P.257）

元町・中华街站

伊藤佐木长者町站

首都高速神奈川1号横羽线

JR东海道本线

港综合高中

港中学

横滨中华街

GOAL
元町・中华街站

横滨文化体育馆

横滨综合高中

横滨中央医院

首都高速神奈川3号狩场线

富士见中学

石川町站

0　100m　200m

大正十一年（1922）国土地理院发行的横滨近郊十三号1:10000地形图

横滨红砖仓库

帝蚕仓库事务所

横滨税关

神奈川县立历史博物馆

横滨市开港纪念会馆

横滨开港资料馆

神奈川县厅本厅舍

户田和平纪念馆

冰川丸

日本基督教团横滨指路教会

新格兰酒店本馆

昭和二十三年（1948）国土地理院发行的东京8号横滨12之1 1:10000地形图

横滨红砖仓库

帝蚕仓库事务所

神奈川县立历史博物馆

横滨税关

横滨市开港纪念会馆

横滨开港资料馆

日本基督教团横滨指路教会

神奈川县厅本厅舍

户田和平纪念馆

冰川丸

新格兰酒店本馆

追溯横滨（关内）的历史

HISTORY OF YOKOHAMA（KANNAI）

因佩里来航而开放的国际港口

　　嘉永七年（1854），美国东印度舰队司令佩里率领"黑船"[1]舰队第二次来到日本，在未取得幕府许可的情况下，就在六浦港抛锚停靠了两个月，强行与幕府签订了《日美和亲条约》（神奈川条约）。下田和箱馆两个港口的开放，终结了日本的闭关锁国。4年后的安政五年（1858）又签订了《日美友好通商条约》。在此次谈判中，美国要求开放长崎、新潟、兵库、江户、大阪，以及"神奈川"的港口。但是，当时的神奈川港与东海道的神奈川驿站直接相连，是幕府直辖的要塞之地，因此，幕府听取了佐久间象山[2]和"外国奉行"[3]的意见，决定在对岸的横滨村开设新的开港区。各国最初都对此表示反

日本海军水路寮制作的海图（明治七年发行），从这幅图可以看出横滨和神奈川是对岸关系。

对，还在神奈川驿站周边建起了领事馆等机构，未曾想横滨居留地的贸易在短时间内发展迅速，神奈川港却人气减退。后来横滨港又建起码头和"运上所"[4]，国际港口的功能得以完善，安政六年横滨港开港。幕府把运上所以南的地区划为外国人居留地，以北则是日本人居住区，并在交界处设置了"关所"（关卡），居留地一侧为"关外"，其他地区则为"关内"，这就是其地名的由来。

　　神奈川港和神奈川驿站所在区域修建有"历史之路"，立有各国领事馆遗址和外国传教士宿舍遗址的石碑。沿着这些石碑，一边漫步一边追溯往昔也别有一番乐趣。

---

1. 日本幕府末期对欧美各国驶往日本的轮船的称呼，因船体涂成黑色而得名。
2. 日本江户末期思想家，兵法家。
3. 幕末的江户幕府的官职，负责外交事务。
4. 日本幕末至明治初期，在通商口岸设置的一种关卡。管理进出口物资及征收关税。

名建筑观光指南

01 新格兰酒店本馆

横滨市在关东大地震中受到了毁灭性的破坏，该酒店就是灾后重建计划的一环，由官民共建，设计者是渡边仁。这座代表性的古典风格酒店知名度颇高，整体以文艺复兴样式为基调，但又随处可见装饰艺术风格和东洋风情的装饰，为人津津乐道。驻日盟军总司令麦克阿瑟，以及《鞍马天狗》的作者大佛次郎等名人都曾是该酒店的客人，酒店更是因此声名远播。

DATA
竣工：1927/设计：渡边仁/地址：横滨市中区山下町10

外观以文艺复兴为基调，再增添装饰艺术的味道。

开放式大厅里排列的柱子带有木质的优雅光泽。柱子的设计颇具东洋风情。

02 横滨市开港纪念会馆

明治四十二年（1909），为纪念横滨开港50周年，由市民们捐款，再由设计竞赛选出设计方案，建造了这座公会堂。红砖和白色花岗岩交错的设计，与东京站同为"辰野式"。里面还配备有贵宾室和台球场，据说还曾被用作横滨财政界聚会的沙龙。该建筑的圆屋顶等部分虽在地震中被烧毁，但内部装潢等处经由创建时的原班人马修复还原。平成二年（1990），为纪念开港130周年及市制实施100周年，复原了铜制圆屋顶，于是该建筑又恢复了昔日面容。横滨虽然曾经修建过许多砖砌建筑，但大地震后几乎都改建成钢筋混凝土结构，因此该会馆可以说是现存非常稀有的砖砌建筑。

从二楼大厅观赏本町路一侧的楼梯间。

DATA
竣工：1917/设计：福田重义+山田七五郎+佐藤四郎/地址：横滨市中区山本町1-6

红砖和白色花岗岩的搭配，是优美的"辰野式"外观。圆顶及屋顶窗等华丽的屋顶部分已经复原为创建之初的模样。

03 冰川丸

可不要因为它是一艘船而不是一栋建筑就小瞧它，冰川丸可说是与"东京都庭园美术馆"齐名的装饰艺术殿堂，可移动的天花板、楼梯间、照明器具、不同材质之间的碰撞……我们能够在这里尽情欣赏装饰艺术风格的特色设计。冰川丸建造之初是以外国人为对象的客货两用船，因此，负责内部装潢的法国船舱设计师——马克·西蒙（Marc Simon）（国际设计竞赛中选出）便采用了发源于法国并在当时法国极为盛行的装饰艺术风格。船内参观需要购票，但可观之处相当丰富，如一等谈话室、一等吸烟室，还有一等食堂，等等。装饰艺术爱好者可千万不能错过。

DATA
竣工：1930/设计：马克·西蒙/地址：横滨市中区山下町山下公园前

装饰艺术风格的一等谈话室。

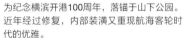

为纪念横滨开港100周年，落锚于山下公园。近年经过修复，内部装潢又重现航海客轮时代的优雅。

04 日本基督教团横滨指路教会

　　明治七年（1874）这座教会设立之时，由美国长老教会的传教士亨利·卢米斯（Henry Loomis）担任第一代牧师。现在的教会是地震后的大正十五年（1926）重建的，拐角上方的钟塔及垂直延伸的扶壁，这些坚实的设计都呈现出哥特式建筑的特征。昭和二十年（1945）的横滨大空袭中，内部被尽数烧毁，就连被称为"蔷薇窗"的彩绘玻璃窗也未能幸免于难。这个教会的创始人J.C.赫本(赫本式罗马字的创始人)出身于"Shiloh"教会，教会名称就是取自"Shiloh"[5]，再借用"指路"的汉字而来的，也寓意着"指引道路"。

DATA
竣工：1926/设计：竹中工务店/地址：横滨市中区尾上町6-85

据说，原计划在正面右侧也打算修建钟塔以呈左右对称，后来由于仿造上一代罗马式教堂，就只在一侧修建了钟塔。

入口上方的蔷薇窗被柱子和尖拱层层环绕，与巴黎圣母院的法国初期哥德式设计相似。

5. 用罗马字标记则为"SHIRO"，跟"指路"两字的音读相同。

05 神奈川县政府本厅舍[6]

　　这栋被人们称为"King"[7]的大楼是横滨最为厚重的建筑物之一。从塔楼顶部的相轮[8]装饰等传统要素来看，人们大多把该建筑归类为"帝冠式"，但让人联想到古代美国艺术的装饰及沟纹砖的使用，这些方面又明显受到F.L.赖特设计的帝国大饭店（1923）的影响。该建筑采用的是"二战"前办公大楼典型的三层结构——"地基+标准层+阁楼"。大家参观的时候可以注意一下大门门廊角落和阁楼角落的装饰，是有连贯性的设计，还有内部天花板的装饰，线脚及造型独特的托座都值得一看。

DATA

竣工：1928/设计：小尾嘉郎+神奈川县内务部/地址：横滨市中区日本大道12-7-2

正面大门上方的雨篷，连续盾形的装饰和几何花纹等细节均采用装饰艺术风格。

被誉为帝冠式先驱的威严庄重的外观。

---

6. 日语中的"厅"指的是处理行政事务的官署、行政机关。"厅舍"就是政府机构的建筑、政府大楼。

7. 指扑克牌的"K"。

8. 佛塔最上部的装饰部分。

06 横滨红砖仓库

从明治末期到大正初期建造的国营保税仓库，平成十四年（2002）整修后重新投入使用。设计者是明治建筑界的三大巨头之一——妻木赖黄，他赋予这座仓库华美的外观但又不会让人感到过分夸张，如此高水准的设计确实只有妻木才能做到。1号仓库和2号仓库的氛围截然不同，这种别致的设计品位实在让人折服。该建筑还采用了当时最先进的防火结构，它在技术上的先进性也是值得关注的重点。

DATA

竣工：1913年（1号仓库）、1911年（2号仓库）/设计：妻木赖黄/地址：横滨市中区新港町1-1

1号仓库的背面一侧是过道，设置钢架阳台。红色的塔楼是电梯间。

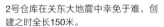

2号仓库在关东大地震中幸免于难，创建之时全长150米。

07 神奈川县立历史博物馆

这栋新巴洛克式建筑原为横滨正金银行本店本馆，被认为是妻木赖黄的最高杰作。魄力十足的巨大圆顶上还有提灯装饰。这种独特的个性设计，确实是在德国受教过的妻木的风格。颇具立体感的墙壁，圆顶下方的大型山形墙，以及正大门左右成对的柱子，等等，通体都采用了高密度的巴洛克式设计手法。

DATA
竣工：1904/设计：妻木赖黄/地址：横滨市中区南仲路5-60

圆顶上有海豚的雕刻，与港口城市氛围相符。

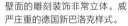

壁面的雕刻装饰非常立体。威严庄重的德国新巴洛克样式。

08 帝蚕仓库事务所

　　墙面突出的部分采用红砖装贴，赋予外观独特的韵律感。设计者是远藤於菟，他还设计过日本最早的钢筋混凝土结构大楼——三井物产横滨分店（1911）。他是一位与横滨有缘的建筑家，以率先采用新艺术派和分离派等现代主义风格的设计而闻名。近年来，由于横滨的再开发，近代建筑逐渐消失在人们的视野里，我真心希望能够保留下来。

DATA
竣工：1926/设计：远藤於菟/地址：横滨市中区北仲路5-57

原本是横滨生丝检查所，是震灾复兴事业中最大的设施，可是现存的只有这座仓库事务所。这是钢筋混凝土建筑的先驱藤远於菟为数不多的作品之一，十分珍贵。

09 横滨开港资料馆

　　该建筑原为英国领事馆，现在是一座史料馆，展出幕末到昭和初期的横滨历史资料。所有材料均从英国运来，设计也是由英国的工务省担任。钢筋混凝土结构的三层楼建筑，部分建有地下室。最大的看点就是正门。屹立于左右两边的巨大廊柱上方的雕刻，半圆筒形的拱顶天花板，营造出古典样式的厚重氛围。该建筑规模虽小，却足以展现英国公馆的权威。

DATA
竣工：1931/设计：英国工务省/地址：横滨市中区日本大道3

科林斯柱式的两根圆柱相对而立，入口采用庄重的古典主义样式。

　　神奈川县本厅舍是"King"，横滨市开港纪念馆是"Jack"[9]，那么横滨税关就是"Queen"[10]——生动地描绘了被称为"横滨三塔"的三座塔楼各自的特色。"Queen"采用了文艺复兴的骨架，但又随处可见伊斯兰风格的细节设计，如屋檐上的瓦当（antefix），角落处的创意，支撑上层三连拱窗的螺旋柱等，都洋溢着一种异国风情。从县厅一侧看过去，整体并不对称，但从大海一侧看过去却是左右完美对称，可见重视大海一侧的景观。

DATA
竣工：1934/设计：大藏省营缮管财务局工务部/地址：横滨市中区海岸路1-1

优美的伊斯兰清真寺风格的圆顶。这种充满异国情调的外观，非常符合带来异国风情的横滨大门（税关）。

9. 扑克牌的"J"。
10. 扑克牌的"Q"。

11 户田和平纪念馆

　　该建筑原为英国贸易公司的横滨分店，曾被称为旧英国七号馆。虽在关东大地震中被烧毁，但只有外观逃过一劫，后又得以重建。由于建在位于山下町7番[11]地，所以大门旁的柱上现在都能看到"No.7"的浮雕字样。昭和五十四年（1979）该建筑的正面部分得以保留。

DATA
竣工：1922/设计：不详/地址：横滨市中区山下町7-1

现仅存正大门部分，作为地震前的唯一外国商馆遗构，十分珍贵。

---

11. "番"在日语中是编号，"7番"就是"7号"。

横滨（山手）
YOKOHAMA（YAMATE）
可以遍访个性洋馆的人气街区

　　山手地区位于横滨人气最旺的商店街——元町南侧的台地，这里能够享受海风的吹拂和满满的绿意。一到休息日，来此欣赏外国人居留地时代建造的各种华丽洋馆的游客络绎不绝。这里异国情调的设施不少，像是洋人墓地、教堂、西洋庭院等，都洋溢着异国风情。

居留地外国人举行西式赛马的根岸赛马场，建于庆应二年（1866）。

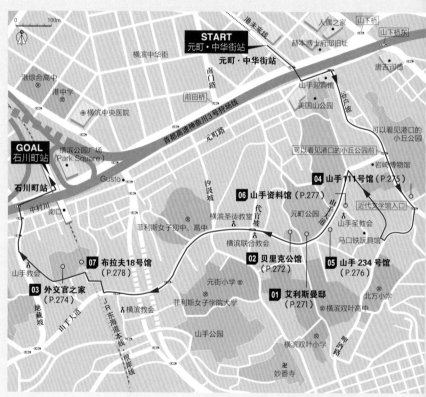

START
元町·中华街站
元町·中华街站

GOAL
石川町站
石川町站

04 山手111号馆（P.275）

06 山手资料馆（P.277）

02 贝里克公馆
（P.272）

05 山手234号馆
（P.276）

07 布拉夫18号馆
（P.278）

03 外交官之家
（P.274）

01 艾利斯曼邸
（P.271）

平成二十五年（2013）

大正十一年（1922）国土地理院发行的横滨近郊十号、十三号、十四号1：10000地形图

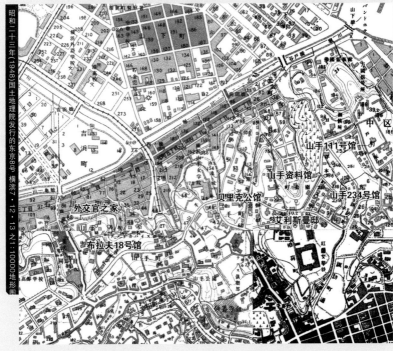

昭和二十三年（1948）国土地理院发行的东京8号·横滨7·12·13之1：10000地形图

追溯横滨（山手）的历史
HISTORY OF YOKOHAMA(YAMATE)

建于宜居台地的外国人居留地

安政六年（1859）开放横滨港口之时，外国人居留地原本建在关内，但由于关内地势低，湿气大，洋人们看上了南边的台地，就想把居留地迁过去。于是，幕府决定出借大约6000坪的土地给各国修建领事馆，这片地区在庆应三年（1867）便成为居留地。后来，建于台地之上的这一带就被人们称为"山手"，与之相对的，关内的居留地就被人们称之为"山下"。

外国人在山手的居留地修建了众多住宅和基督教会学校，还规划了公园。明治三年（1870）开园的山手公园是日本最早的西式公共庭园，1876年还在这里举行了日本第一场网球比赛。所以，山手公园也是日本著名的网球发祥地。

明治三十二年（1899）条约修改后，居留地制度被废除，但仍有许多外国人一直住在这片地区，"山手本通（山手大道）"便逐渐形成充满异国风情的街景。大正十二年（1923）关东大地震使山手地区遭遇重创，当时的建筑物几乎全毁，在此居住的外国人数量也骤减。但是，地址后又修建了一些洋馆，山手外国人居留地的异国景观得以维持，如今是横滨具有代表性的人气观光景点。

为从桅杆掉落身亡的水兵修建墓地时，佩里希望能建在可以看见大海的地方，因此就有了这个横滨外国人墓地。

名建筑观光指南

01 艾利斯曼邸

　　该建筑是生丝贸易公司Siber Hegner商会（现DKSH日本）的横滨经理——瑞士人弗里茨·艾利斯曼（Fritz Ehrismann）修建于山手町127番地的私人住宅。由于原址上要建设公寓，所以艾利斯曼邸被迁至现址并进行了修复，现在是令人惊艳的"山手洋馆"之一。这栋建筑随处可见雷蒙德独具个性的创意设计。一楼外墙的护墙板垂直于地面。与之相对，二楼护墙板则横向排列，现代主义基调的水平线和垂直线的对比通过外墙完美呈现出来，非常有意思。建筑内部也颇具时尚感，还融入了装饰艺术风格的设计。

DATA
竣工：1926/设计：安托宁·雷蒙德/地址：横滨市中区1元町公园内

时尚又中规中矩的壁炉。

一楼和二楼外墙护墙板装的方向不一样。烟囱的垂直线和房檐的水平线成鲜明对比，洋溢着雷蒙德式的时尚美感。

02 贝里克公馆

　　该建筑规模虽大，却丝毫没有冗长之感，这是因为采用了西班牙风格的橙色瓦片和开口部的拱形设计进行了完美的整合。二楼在每个重要的地方都设置了四叶草形状的开口部，更是给外观增色添彩。起居室北侧的房间被称为"棕榈间（Palm Room）"，是一个西班牙风情浓郁的独特空间。日式的餐厅，正门及楼梯的铁制装饰等足见建筑设计之精美，是众多山手洋馆中最为风雅的一座。

DATA
竣工：1930/设计：杰伊·希尔·摩根（Jay Hill Morgan）/地址：中央区日本桥1-19

褐色屋梁纵横交错的一楼大厅。

一楼大厅旁边的"棕榈间"。黑白相间的方格花纹瓷砖十分艳丽。

西班牙风格的大型洋馆，一楼连续的拱形窗和二楼的四叶草开口为外墙增色添彩。

03 外交官之家

　　这座明治四十三年（1910）建于东京都涩谷区南平台的建筑，是曾任纽约总领事等职务的明治政府外交官——内田定槌的府邸，平成九年（1997）迁至横滨进行了复原。建筑外观采用19世纪美国木造住宅的风格加上如画风格的创意设计，十分优雅，内部设计也同样精美无比。新艺术派风格的彩绘玻璃，马约里克软彩陶（majolica）的瓷砖装贴的壁炉，气派的橱柜。值得关注的是墙壁木板缓和的弯曲设计，可以说是新艺术派，但看上去也有"唐破风"的感觉。虽然主人过的是纯西式的生活，但后来为了小姐的"新娘修行"，又在紧挨着洋馆的西侧建了一座日式的住宅，这种东、西洋的鲜明对比也十分有趣。

DATA
竣工：1910/设计：詹姆士·麦克唐纳·加德纳（James McDonald Gardiner）/地址:横滨市中区山手町16山手意大利山庭院内

八角形的塔屋外观是美式维多利亚样式，让人印象深刻。

正门大厅的彩绘玻璃门。曲线设计颇具新艺术派特色。

山手111号馆

　　与"贝里克公馆"同为美国建筑家摩根设计的作品，是一座西班牙风格的住宅建筑。前庭是一片宽阔的草地，建筑外观则显得十分雅致。馆内有一个挑高的大厅，餐厅和个人房间环绕四周。二楼西侧的"Sleeping Porch"，正如其名，是用于午睡的房间，可见这座宅子是完全根据主人的生活习惯设计建造的。摩根还在横滨留下了根岸赛马场、山手圣公会等众多设计作品。

DATA
竣工：1926/设计：杰伊·希尔·摩根/地址：横滨市中区山手町111港可以看见港口的小丘公园内

西班牙式的雅致洋馆。正前方的三连拱门也是藤架。

室内中央的挑高大厅有如中庭般宽敞。

05 山手234号馆

本建筑作为一项灾后重建工作，是一座面向外国人的共同住宅（Apartment House），目的是吸引关东大地震后离开横滨的外国人回来居住。修建之时的设计是，中间隔着门廊，两边共有4户，每户都是同样的三室两厅一厨，但不管是一楼正面的托斯卡纳柱式的廊柱还是柱头造型，都欠缺平衡感，实在说不上是考究。昭和50年代之前都作为公寓使用，现在则是用于画廊等。

DATA
竣工：1927/设计：朝香吉藏/地址：横滨市中区山手町234-1

门廊的托斯卡纳柱式圆柱排列稍显凌乱。

与客厅相连的开放式饭厅。

06 山手资料馆

除了东京都内迁建过来的"外交官之家"，这座山手资料馆就是横滨市内现存唯一的一座明治木造西式建筑。该建筑是经营牧场的中泽家在本牧[1]修建的宅院里的洋馆，据说是由户部村的日本木匠师傅们设计施工的。现在是一座史料馆，展出横滨开港时期的各种资料。

DATA
竣工：1909/设计：不详/地址：横滨市中区山手町247山手+番馆庭内

横滨现存唯一的明治木造洋馆，十分珍贵。四面都有优美的山形墙装饰。

1. 横滨东部、伸入东京湾的海角地区。

07 布拉夫18号馆

　　该建筑为关东大地震后在山手町45番地修建的外国人住宅，是两层的木造建筑，一楼和二楼都采用了"中廊下型"[2]的平面结构。南侧设计了阳光浴室和露台，屋顶被法式瓦片覆盖，窗户上下推拉还配有百叶窗，这些设计都保留了震前外国人住宅的特征，但外墙出于防火考虑，使用了砂浆涂装。该建筑迁建时进行解体检查才发现，有一部分建材是取自震前的山手45番地住宅。

DATA
竣工：大正末期/设计：不详/地址：横滨市中区山手町16山手意大利山庭院内

米色的灰泥外墙与绿色的百叶窗形成鲜明的对比，是意大利风格的外观。

2. 两边房间中间隔着走廊，南侧是主人家的活动区，一楼有客厅，这种设计主要是为了保护主人家的隐私。